JIYU JIANGSU SHENGTAI HUANJING CHENGZAILI
DE HUANJING BIAOZHUN TIXI YANJIU

基于江苏生态环境承载力的环境标准体系研究

胡开明　陆嘉昂　冯 彬◎主编

河海大学出版社
HOHAI UNIVERSITY PRESS
·南京·

图书在版编目（ＣＩＰ）数据

基于江苏生态环境承载力的环境标准体系研究／胡
开明，陆嘉昂，冯彬主编. －－南京：河海大学出版社，
2022.9
　　ISBN 978-7-5630-7620-8

　　Ⅰ．①基… Ⅱ．①胡… ②陆… ③冯… Ⅲ．①区域生
态环境－环境承载力－标准体系－研究－江苏 Ⅳ．
①X321.53-65

　　中国版本图书馆 CIP 数据核字（2022）第 176315 号

书　　名	**基于江苏生态环境承载力的环境标准体系研究**
书　　号	ISBN 978-7-5630-7620-8
责任编辑	彭志诚　　毛积孝
特约编辑	李　萍
特约校对	董　瑞
封面设计	徐娟娟
出版发行	河海大学出版社
地　　址	南京市西康路 1 号(邮编:210098)
电　　话	(025)83737852(总编室)
	(025)83722833(营销部)
经　　销	江苏省新华发行集团有限公司
排　　版	南京布克文化发展有限公司
印　　刷	江苏凤凰数码印务有限公司
开　　本	718 毫米×1000 毫米　1/16
印　　张	6.25
字　　数	102 千字
版　　次	2022 年 9 月第 1 版
印　　次	2022 年 9 月第 1 次印刷
定　　价	36.00 元

编委会

前言 Preface

　　环境污染是近代工业化、城镇化进程的伴生产物,工业化的过程带来了大量环境公害和污染,治理环境污染的首要任务是环境立法和环境标准制定。环境标准是为了防治环境污染、维护生态平衡、保护人体健康,依照法律规定的程序,由立法机构或政府环保部门对环境保护领域中需要统一和规范的事项所制定的含有技术要求及相关管理规定的文件总称,是环境法的一项基本制度,在环境管理中起着基础性的作用。生态环境保护标准的制定和实施是环境行政的起点和环境管理的重要依据,也是环境保护发挥宏观调控、综合协调职能的有效抓手。

　　"标准即管理",环境标准体系是环保科技支撑环境管理的集中体现。《关于加快完善环保科技标准体系的意见》明确提出,环保科技工作应进一步突出环保标准在环保科技工作中的核心地位,加快构建完善的科技标准体系,以标准统领科研、技术、产业、健康、气候变化等各项工作,通过标准实施带动技术进步和环保产业发展,提高环境管理的法治化水平。生态环境标准是经济活动和社会发展的技术支撑,是推进生态文明建设的重要手段,是国家治理体系和治理能力现代化的基础性制度。完善的标准体系是环境保护工作的核心,是环保部门执法和企业自我约束的动力和准绳。

　　地方生态环境标准作为标准体系的重要组成部分,随着环境管理的日趋严格,其重要性日益凸显。环保部《国家环境保护标准"十二五"发展规划》提出实现环保标准工作的四个转变,即由数量增长型向质量管理型转变、由侧重发展国家级标准向国家级与地方级标准平衡发展转变、由各个标准单元建设向针对解决重点环境问题的标准簇建设转变、由以标准制修订为主的工作模式向包括标准制修订、宣传培训、实施评估、标准体系设计与能力建设的全过程工作模式转变。该规划进一步强调了地方环保标准工作的重要性,为地方标准工作指明了方向。

近年来,我省环境状况总体稳定趋好,但经济社会快速发展与资源环境承载能力之间的矛盾日益凸显,结构性、区域性环境污染问题突出,主要污染物排放强度远超全国平均水平,空气质量和水环境质量形势也十分严峻。为此,省委、省政府坚决贯彻落实习近平总书记生态文明思想,充分利用法律法规和生态环境标准等多种手段,下决心打好污染防治攻坚战。在省生态环境厅环境管理、污染防治设施环境监察等工作中,仍然存在现有部分生态环境标准,因发布时间较早、覆盖行业过广及重要污染指标缺失或过于宽泛的问题,严重影响到环保部门执法的精准度,也造成了部分企业对执行标准的质疑。

环保执法是污染防治攻坚战的重要手段,强化环保执法的精准化水平,离不开更新、更细的生态环境标准的支持。在2018年8月15日召开的全省生态环境保护大会暨污染防治攻坚战工作推进会议上,省委娄勤俭书记明确提出,要"以更高环保标准倒逼产业升级",2020年省委办公厅印发《关于推进生态环境治理体系和治理能力现代化的实施意见》,强调加快地方环保法规、标准体系建设,为加强生态文明建设提供支撑保障。因此,进一步完善生态环境标准体系建设工作,已成为深入打好污染防治攻坚战的重要内容。

基于江苏省生态文明建设仍处于压力叠加、负重前行的关键期,保护与发展长期矛盾和短期问题交织,生态环境保护结构性、根源性、趋势性压力总体上尚未根本缓解的特点,本研究通过分析江苏省生态环境现状、评估生态环境承载力,分析区域生态环境与经济社会发展之间的矛盾;通过梳理国内外环境标准体系及江苏省地方环境标准体系发展现状,识别现行地方环境标准存在的问题;结合经济社会发展需要、环境保护要求,制定环境标准体系建设发展规划,并提出政策建议、制定保障措施,确保标准体系建设发展规划有效实施,为实现社会经济环境可持续发展、实现治理体系与治理能力现代化建设提供决策支持。

目录 Contents

图目录

表目录

1

研究背景

1.1 国内外及江苏省生态环境标准体系发展现状

1.1.1 国外的生态环境标准体系

1.1.1.1 美国生态环境标准体系

1967 年美国制定了《1967 年空气质量法》，明确要求制定州环境质量标准，但是最终并未实施。1970 年尼克松签署《清洁空气法》修正案，规定由国家环保局依据最新科研成果制定国家环境质量标准。1971 年 4 月 30 日美国《国家环境空气质量标准》首次发布。1977 年修订的《空气净化法》要求 1982 年底以前各州全部符合《国家环境空气质量标准》，如果某一地区空气中某种污染物超标，这一地区便被列入"未达到地区"。被列入"未达到地区"的州必须制定出合乎规定的"州补充计划"，根据自身情况制定具有法律约束力的污染源排放标准以控制污染源的排放。若某州的计划不能达到环保局的要求，此时国家环保局有权为该州制定具体的计划和标准。在水环境等受区域环境影响较大的环境要素的保护方面，国家环保局只发布环境基准或环境规定，各州根据这些基准和规定制定相应的环境标准或标准制定计划，这些标准或标准制定计划只在各州辖区内实施，相当于我国的地方环境标准。美国的污染物排放标准,国家环保局和各州都有权制定,均以技术强制为原则,要求各标准直接与污染源控制技术相匹配。通过制定并实施严格的环境保护政策、标准和配套的排污许可证制度,美国污染物排放量逐渐下降,环境质量得以改善。美国环境标准体系主要有环境质量标准、排放标准、技术标准、操作规范标准、产品信息标准五类,涉及水、大气、固体废物、有毒物质、噪声、农业等方面,美国的生态环境标准体系见图1-1。

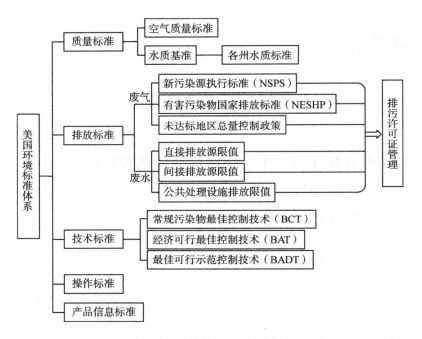

图1-1 美国生态环境标准体系

1.1.1.2 欧盟生态环境标准体系

欧盟共有200多项环境标准,主要包括水环境、大气环境、环境噪声、固体废物、化学品管理及转基因制品、核安全与放射性废物、野生动植物保护、基础标准体系。欧盟每一类环境标准体系都由一系列环境标准组成。其中,水、空气、噪声的环境标准包括环境质量标准和环境污染物排放标准,而固体废物、有害化学品、核安全与放射性废物、野生动植物保护和基础标准基本上只涉及环境基本政策方面的内容。欧盟环境标准体系中,环境质量标准以保护人类健康、水产养殖为主要目标。在污染物排放标准中,水污染物排放标准主要针对具有毒性、持久性和生物蓄积性的危险物质,大气污染物排放标准主要针对对人体健康和动植物有严重影响的粉尘等污染物,尤其重视道路车辆、非道路可移动机器、大型焚烧炉、废物焚烧等污染源的污染物排放控制,充分体现了以人为本和《欧洲联盟条约》中的"保护人类健康"的目的。欧盟作为一个超国家的(Super national)实体,它所制定的环境标准对其成员国

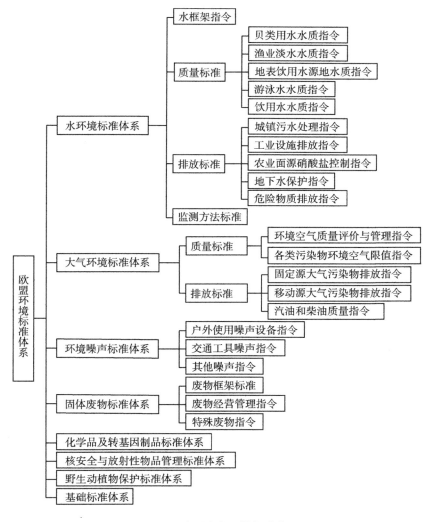

图 1-2 欧盟生态环境标准体系

均具有一定的约束力。成员国需根据指令的目标和要求在规定的期限内转化成国内法律,在有关指令的对象国(成员国)未按指令规定的期限履行有关义务的情况下,指令对其有纵向的直接适应效力,即指令将直接在成员国内强制执行,欧盟的生态环境标准体系见图 1-2。

1.1.1.3 日本生态环境标准体系

20 世纪 60 年代末到 70 年代初,日本政府实施了一系列的举措,建立了环境标准、环境影响评价制度、环境监督和环境经济政策为一体的环保制度。1962 年出台的《煤烟管制法》首次提出了排放标准要求,1968 年《大气污染防治法》提出的氧化硫的排放标准是第一个真正意义上的执行标准。20 世纪 70 年代初,日本东京、川崎等一些市县开始制定总量控制要求,并基于总量控制目标,提出了更为严格的地方排放标准,同时,各都道府县有权限对企业进行检查,并可对超标企业提出改进或暂时停产的命令。为满足环境标准要求,产业界努力改善排污设备,大企业往往成为环境示范企业,而部分小企业则被淘汰。1975 年,日本企业与公共环境投入费用达到了国民生产总值(Gross National Product,简称 GNP)的 2%。通过法律和环境标准体系的调节作用倒逼企业转型,日本产业界面临着不改不行、改则痛改的局面,由此,环境保护与经济发展的位置被摆正,各项公害对策与举措纷纷施行。通过彻底改造和优胜劣汰,日本企业不管从设施投资还是技术开发方面都走在了世界的前列,企业从"污染大户"变身成为"环保先锋",带来了经济发展和环保并行的新局面。日本的环境标准由环境厅负责制定,包括大气、水、噪声和振动、土壤、异味和水土保持等方面,日本的生态环境标准体系见图 1-3。

美国、日本和欧盟对于生态环境标准的研究开展较早,具备了较为完善的环境标准体系,国外生态环境标准先行国家的标准研究共性有以下几点:

(1)环境标准建立在完善的法律制度基础上

国外环境标准体系的建立具有坚实的法律基础,大部分环境标准都是依据法律的相关规定进行制定的,有的国家和地区其环境标准直接是相关法律的组成部分,因此标准的执行具有强有力的保障。美国针对水源地保护以及控制污染水体的相关环境标准均以充分的法律依据作为基础,例如,《清洁水法案》《安全饮用水法》《水质法案》等,再由制定的机构依据法律进行标准的制定;日本的环境保护标准及规范主要是基于《环境基本法》和《水污染防治

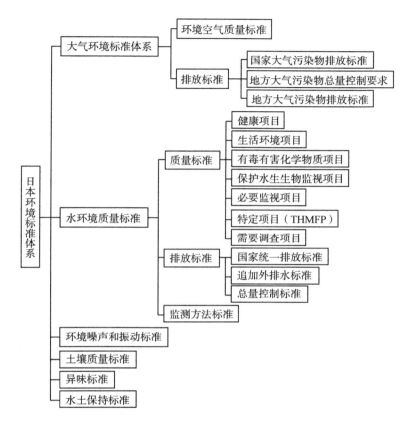

图 1-3 日本生态环境标准体系

法》等相关法律进行构建的。此外,日本还根据自身的环境问题出台了《主要水域水质预防特别措施法》《下水道法》《促进水道水源水质保护法》《为防止特定水道用水危害,保护水道水源水质的特别措施法》等,将水环境的诸多保护要求提升至法律层面。

（2）标准体系已经比较完善

发达国家和地区的环境标准体系总体比较完善,环境领域的标准往往包含在多部法律以及多部在法律框架下的指导标准,涵盖了环境领域的各个方面,且根据社会发展的需求,频繁进行标准的修订,这一措施充分保障了环境标准对环境问题的快速响应,使得环境管理工作能够满足环境保护的需求。如英国在饮用水源保护标准体系方面出台了《水法》《水务法》《饮用水质量规程》等十余部法律法规,同时还执行世界卫生组织的相关标准,且这些标准每

5 年至少要修订一次。

（3）标准的制定以科技为支撑

国际环境标准的制定，整体呈现出以科学技术为导向的特点，标准的制定基于专业科研机构的研究成果，或者是政府与科研机构的合作研究成果。

（4）"以人为本"的理念贯穿标准制定始终

国际环境标准的制定大多以保障人体健康为首要制定依据，多数国家的环境标准制定都最大程度地服务于保障人体健康，其次才是保护生存环境的特点，体现出"以人为本"的根本理念。

1.1.2　我国的生态环境标准体系

我国环境保护标准是与环境保护事业同步发展起来的。1973 年发布了第一项国家环境保护标准《工业"三废"排放试行标准》（GBJ 4—73）；1985 年设立国家环境保护局并下设规划标准处，进行系统的标准研究和制定；1988—1999 年期间，我国发布了 64 项国家污染物排放（控制）标准，环境质量标准体系基本完善。2000 年修订的《大气污染防治法》和 2008 年修订的《水污染防治法》明确了以"超标即违法"为标志，环境标准的类型和数量大幅度增加，现行国家生态环境标准总数达 2 140 项，形成了国家与地方"两级"，生态环境质量标准、生态环境风险管控标准、污染物排放标准、生态环境监测标准、生态环境基础标准和生态环境管理技术规范"六类"的生态环境标准体系。

我国生态环境标准体系呈现出的是具有三角形强力支撑的内在梯级结构，这种体系结构上的三角形强力支撑，保障了体系的稳定性和先进性，体系的支撑点体现在法律支撑、技术支撑和理论支撑三个层面上。位于梯级结构顶端的是环境质量标准，质量标准的建立，确定了污染物的环境容量以及整体环境的发展目标，具有识别和评价环境质量优劣的功能，同时反映了一个国家的环境意识、科技水平和综合实力，因此环境质量标准在体系中占据着主导核心地位。在梯级结构的第二层次设立了污染物排放标准，对环境中各类污染因子的排放上限提出了制约污染物排放标准，针对所有的排污单位，以控制污染物的浓度、总量、速率和强度的方式，采取强制手段，在污染源和环境之间设置了一道屏障，为达到环境质量标准所确定的环境目标提供了法律支撑。污染物排放标准是我国环境标准体系梯级结构中技术支撑方面的体现，而技术支撑的另一方面是环境检测方法标准及水处理技术标准，这些标准组成了一个技术方法标准群体,这个群体同时体现了环境质量标准和污染物排放标准度量上的精确性和执法上的严肃性。由此可见,这个技术方法群体对于环境检测、环保技术等方面的各环节都进行了质量控制和技术规范,从而构成了对环境质量标准、污染物排放标准乃至整个标准体系的技术方法支撑。环境标准体系的理论支撑反映在梯级结构底部的环境基础通用标准、管理服务标准以及智慧环境标准。基础通用类标准是对环境标准中需要统一的技术术语、分类及导则等所做的统一规定,为整个标准体系的构建和发展提出了指导原则,规定了技术路线和方法手段。管理服务类标准和智慧环境标准对整个环境工程装备运行维护、评价管理等提出了指导方法,提供环境监测、安全管理、数据分析等关键业务的标准化信息模式管理。总体来看,我国的生态环境标准体系经历了从无到有,从单一到系统,从污染排放总量控制到以质量为核心、兼顾总量、防范风险,从标准制定到标准管理评估的发展变化,生态环境标准体系逐步完善,生态环境质量大幅改善。我国的生态环境标准体系见图 1-4。

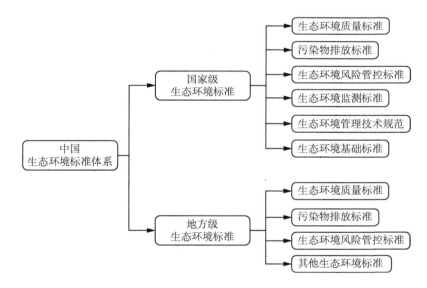

图 1-4 中国生态环境标准体系

1.1.3 江苏省地方生态环境标准体系

生态环境标准是环保工作中守法、执法的重要依据,是实现污染减排的重要技术支撑,也是倒逼产业结构升级、推动产业布局优化的重要抓手。地方环境标准对于改善区域环境质量、维护生态系统健康、确保经济社会环境可持续发展具有重大意义。江苏省作为部省共建生态环境治理体系和治理能力现代化试点省份,江苏省高度重视生态环境标准体系建设,加强生态环境标准的制修订工作,改善经济社会发展与生态环境承载之间的矛盾。早在1998年就起草编制了《江苏省太湖流域总氮、总磷排放标准》(DB 32/ 191—1998),这是我国第二个编制地方环境标准的省份(仅次于北京)。2004年制定的《江苏省纺织染整工业水污染物排放标准》(DB 32/ 670—2004)和2006年颁布的《化学工业主要水污染物排放标准》(DB 32/ 939—2006)为我省印染行业"二升一"和化工行业整治行动提供了重要的技术支撑。2007年制定了《太湖地区城镇污水处理厂及重点工业行业主要水污染物排放限值》(DB 32/ 1072—2007),大幅度提高了重点行业的排放要求,推动了各类新型污染防治技术的研发和应用,显著降低了区域氮磷等污染物的排放,在全国引起强烈反响。

近年来,江苏省生态环境标准体系逐步完善,在结合现实管理需求制定地方标准的同时更加注重标准体系建设和管理机制建设,发布了《江苏省开展国家标准化综合改革试点工作方案》(苏政发〔2018〕75号)《江苏省生态环境标准体系建设实施方案(2018—2022年)》《江苏省生态环境厅标准制修订工作管理办法》《省生态环境厅标准质量管理办法(试行)》等规划、管理文件,增强标准制定的规范性、科学性、可行性和准确性。

目前,《江苏省生态环境标准体系建设实施方案(2018—2022年)》中的百项标准计划已发布43项,待发布37项,基本覆盖了江苏省生态环境急需出台标准的各个领域。在监管要素上,包含了水、大气、土壤、固废污染防治,企业与工业园区监管,环境健康风险管控,自然生态保护,智慧监测监控等各个方面。在重点行业管控上,涵盖了池塘养殖等农业领域,化工、制药、铅蓄电池、水泥、燃煤电厂、生物制药、半导体等工业领域,工业炉窑、表面涂装、燃气轮机等通用工序,以及农村和城镇污水处理等环境治理领域。在重点领域管理规范上,统筹考虑了水、气及生物监测,水生态保护与修复,土壤调查与修复,固废管理,信息化建设和工业园区风险管控等领域。百项标准对挥发性有机物管控、生态系统质量、生态环境承载力、风险管控、环境健康等热点政策问题与管理需求进行了充分响应,在池塘养殖尾水、环境健康风险、生态保护与修复等领域实现了率先突破,聚焦精准治污在污染排放标准体系全面收紧,如池塘养殖尾水排放标准较国家全面收紧20%左右,水泥工业主要大气污染物排放标准收紧50%～80%,表面涂装(汽车零部件)、汽车维修、燃煤电厂等主要大气污染物排放限值均为全国最严,对于提升江苏省生态环境系统服务与管理能力意义重大。百项标准完成后江苏省将初步形成支撑减污降碳协同增效、改善生态环境质量、强化生态环境风险防控的生态环境标准体系。

1.2 江苏省地方生态环境标准体系面临的挑战

1.2.1 生态环境质量及承载力改善压力大

近年来,江苏省坚决落实打好污染防治攻坚战、推动环境质量改善。但作为全国资源环境压力最大的省份之一,江苏省人口密集、能源消费密度高、各种资源消耗集中、工业和生活废弃物排放强度大,生态环境相对脆弱,排放的压力、环境瓶颈的制约也越来越大。江苏以占全国1.1%的国土面积,承载了6%左右的人口,创造了超10%的经济总量,但单位国土面积主要污染物排放强度是全国平均水平的4～5倍,导致结构性、区域性环境污染问题突出,空气质量和水环境质量形势十分严峻,总体来看,江苏省环境质量仍存在以下问题,需要依据相应的生态环境标准倒逼环境质量改善:

(1)臭氧成为影响我省空气质量优良天数比率的最主要因素。

总体来看,经过多年的努力,我省颗粒物污染控制已经初见成效,2020年,已有5市$PM_{2.5}$年均浓度首次达到二级标准。但臭氧污染仍在加剧,"十三五"以来,全省以O_3为首要污染物的超标天数占比基本逐年上升,2019年开始超过$PM_{2.5}$占比,2020年以O_3为首要污染物的超标天数平均为40天($PM_{2.5}$为28天),占超标总天数的59.3%,较2019年上升8.5个百分点。臭氧已成为春夏季空气质量的主要影响因素,环境空气污染总体以颗粒物和臭氧等复合型污染特征显现。

(2)总磷为制约我省地表水尤其是湖库水质改善的重要瓶颈。

2020年,我省104个国考断面中有14个水质超Ⅲ类,定类项目均为总磷,其中湖库型8个;新增的13个"十四五"湖库型国控点位中,有9个点位2020年水质超Ⅲ类,定类项目也均为总磷。太湖湖体总磷浓度虽同比下降

5.1％,但4个湖区及全湖总磷均未达年度目标要求,湖体总磷浓度在2017—2018年有较大幅度上升,近两年虽有所下降但仍高于"十二五"末期及"十三五"初期水平。

(3)近岸海域优良海水面积比例偏低,海水水质总体处于轻度富营养状态。

全省近岸海域水环境质量及富营养状态较"十二五"末均有所改善,但优良海水面积比例总体仍偏低,水质较差的海水面积约占近岸海域面积的1/4～1/5;连云港、盐城、南通3市近岸海域海水富营养状态指数分别为2.49(中度富营养)、1.59(轻度富营养)、1.27(轻度富营养)。从空间分布来看,海水水质较差及富营养化程度较高的区域均分布在距岸10 km以内的区域,说明主要受人类生产生活等排污影响。"十三五"期间,全省直排海污染源污水排放总量上升了28.3％,陆源污染长期输入,尤其是以氮磷为主的营养盐物质含量居高不下,是影响近岸海域环境的主要因素之一。

(4)地下水水质总体有所下降,海洋底栖生物多样性也有所下降。

"十三五"期间,全省地下水水质总体有所下降,Ⅲ类及以上测点比例下降幅度达21.9％,主要污染指标为菌落总数、总大肠菌群、氨氮等。2020年,近岸海域底栖生物的生物多样性指数在0～1.81之间,处于贫乏至一般水平;与"十二五"末期相比,"丰富"和"较丰富"断面比例下降42.9个百分点,"贫乏"和"极贫乏"断面比例上升35.4个百分点。每年4—8月仍可监测到南黄海海域浒苔发生现象,分布区域早期主要位于南通、盐城以东海域,中期以后逐步集中在连云港以东、山东半岛以南海域。

(5)局部地区土壤存在一定程度的重金属污染,镉污染相对突出。

"十三五"土壤监测结果显示,重金属是土壤污染的主要风险因子。1 256个国家网监测点位中,有43个点位镉含量、11个点位砷含量、9个点位铜含量、6个点位镍含量、5个点位铅含量、5个点位铬含量、4个点位锌含量、3个点位汞含量超过风险筛选值。其中,镉超风险筛选值的比例较高,分布较广,污染相对突出。

1.2.2　生态环境政策标准体系有待完善

近年来,生态环境标准尤其是污染物排放标准在污染物减排、产业结构优化、经济发展方式转变等方面发挥了促进作用,取得了显著成效。但是,一方面我国及江苏省生态环境标准体系仍有待完善,标准制定的科学性有待提高,如污染物排放限值的制定方法有待完善;另一方面,国内外经济社会发展形势变化及国家重大发展战略均产生新的政策标准研究及管理需要,相关的环境管理制度、环境标准与治理需求未完全匹配,生态环境标准适用性有待提高。

此外,"十四五"时期我国生态文明建设仍面临环境问题复杂、多种压力叠加、保护与发展矛盾凸显等问题,生态环境保护结构性、根源性、趋势性压力总体上尚未根本缓解,亟须加强源头治理,推动标准体系建设,提高治理能力。而生态环境政策标准交叉多、范围广、标准质量参差不齐、管理机制尚不健全,加大了政策标准研究工作开展的难度,生态环境标准体系建设及管理工作亟须依托于先进技术手段,以科技创新支撑引领高质量发展。

1.3 江苏省地方生态环境标准体系发展需求

国家及江苏省高度重视生态环境标准化工作。2012 年环境保护部发布《关于加快完善环保科技标准体系的意见》,强调要加强环保标准体系的顶层设计,进一步突出环保标准在环保科技工作中的核心地位,加快构建完善的科技标准体系,推动环境管理从污染物排放控制逐步走向环境质量控制,并最终实现风险防范控制的战略转型。2015 年国务院办公厅发布《国家标准化体系建设发展规划(2016—2020 年)》,提出进一步优化标准体系、推动标准实施、强化标准监督、提升标准化服务能力等重点任务。2017 年修订《中华人民共和国标准化法》,在标准体系、标准化管理体制及标准制修订具体要求等方面做出了适应经济社会发展需要的调整。2020 年 12 月,生态环境部发布了《生态环境标准管理办法》《国家生态环境标准制修订工作规则》,对标准类型、监管范围、制定要求进行了详细的规定,对标准的立项、编制、发布、归档工作进行了全流程的规范,完善了我国生态环境标准管理工作机制。标志着在现行生态环境标准工作的基础上,进一步提升生态环境标准的科学性、系统性、适用性,建立健全生态环境标准管理工作机制将成为未来工作的重点。

江苏省委、省政府明确提出要利用倒逼机制改善生态环境,即通过建立完善的环境法规、标准、政策,使经济与社会发展方式向环境友好与资源节约的方向转变,促进经济、社会与自然环境的和谐发展。江苏省高度重视地方环境标准建设工作,2017 年 1 月发布了《江苏省"十三五"生态环境保护规划》,提出完善法规标准体系,要求"发挥环境标准的限制和导向作用"。2018年6月,江苏省政府印发了《江苏省开展国家标准化综合改革试点工作方案》(苏政发〔2018〕75号),要求实施"标准化+"生态环境。2019年3月发布《江苏省生态环境标准体系建设实施方案(2018—2022年)》,提出100项标准制修订清单,推动地方生态环境标准体系的建设。2019年7月发布《江苏省生态环境厅标准制修订工作管理办法》,规范了江苏省生态环境标准化工作的流程和部门职责。2020年12月发布了《省生态环境厅标准质量管理办法(试行)》。这些规划、管理文件可以增强标准制定的规范性、科学性、可行性和准确性。破解制约江苏社会经济发展的生态环境承载力瓶颈仍需要通过建立、健全严格的环境管理、标准和制度体系来实现,以环境目标和污染物总量控制倒逼经济结构调整,以严格的准入条件和环境标准倒逼项目节能减排增效,以规范的技术、管理准则约束运维行为,提高执法效力。

针对江苏省产业集聚、经济发达、生态环境承载力薄弱的特点,进入新发展阶段,深入打好污染防治攻坚战,源头治理是"根本之策",健全法规标准体系是制度保障。"十四五"时期,结合政策热点、管理需要制定生态环境标准、完善生态环境标准体系,构建规范化、标准化的管理工作机制仍将是未来标准化工作的重要任务。结合美国等先进国家标准制修订工作经验,针对江苏省生态环境特点和居民健康、环境保护需求,要建立与江苏省生态环境保护要求相适应的地方生态环境标准体系仍需从以下方面入手:

(1)研究基于生态安全和人体健康的流域、区域生态环境质量基准或生态安全阈值制订需求,提出环境质量标准制修订需求,健全地方环境质量标准体系。

(2)在研究我省重点行业污染物排放特征基础上,进一步梳理环境污染防治新技术的发展现状,结合我省环境规划、总量控制和污染防治攻坚战的战略目标,优化完善污染物排放控制指标框架,研究严于国家污染物排放标准的控制限值制订方法,提出地方污染物排放标准制修订需求,健全地方污染物排放标准体系。

(3)为满足生态环境管理工作不断提升的需要,研究并提出服务于环境管理的各项污染防治工程技术规范、环境保护调查研究评价技术导则、环境监测监管技术方法等推荐性标准制修订需求,完善地方推荐性环境标准技术体系。

（4）制定中长期发展规划,加强载体保障建设。建立江苏省生态环境标准工程技术中心,优化我省地方环境标准制修订管理机制,开展环境标准实施情况及绩效评估,在与国家环境标准衔接的基础上,制订 2022—2025 年江苏省地方生态环境标准规划及实施方案。

通过全面加强生态环境质量和污染防控标准体系建设,重点推进生态环境管理技术规范标准体系建设,建立包括生态环境标准制修订、编制质量管理、执行行为规范、宣传推广、绩效评估等环节的全流程标准管理机制,促进标准化建设与生态文明的和谐发展,助力治理体系与治理能力现代化建设。

2

江苏省生态环境承载力评价

2.1　生态环境承载力

"承载力"一词最初指地基可承受建筑物荷载的最大能力,一直被应用在工程地质领域。1921 年,Park 与 Burgess 首次将承载力的概念引入生态学中;1953 年,Odum 首次将承载力和 Logistic 方程联合起来研究,用来表征在某一特定环境条件下,某一类生物个体能够生存的最大数量。20 世纪 80 年代,随着工业化带来的环境问题的出现,承载力及其在环境学、生态学中的研究迅速增多,其内涵得到进一步扩展,并把人口、资源、环境的相互作用引入发展规划中,逐渐出现了水资源承载力、土地资源承载力、环境承载力、生态承载力、生态环境承载力等一系列概念。

生态环境是环境的重要组成部分,是承载力研究的热点。不少学者先后对生态环境承载力的概念进行了讨论和定义。有学者认为生态环境承载力是某一时期某一地区的生态环境系统,在确保系统的组成、结构和功能不发生退化而处于良性循环发展的条件下,所能承受的人类活动的阈值;在不受到外在破坏性因素的影响下,一定时期研究区域内资源禀赋、生态弹性、环境质量、社会经济的发展匹配水平;生态系统的自我维持、自我调节能力,资源与环境子系统的供容能力(资源持续供给能力,环境容纳废物能力)及其可维持养育的社会经济活动强度和具有一定生活水平的人口数量。

虽然生态环境承载力的定义各不相同,但它们都反映了时空范围内生态环境系统与社会经济发展的相互作用,本质上反映了资源、环境与人类社会经济活动之间的辩证关系。生态环境的自然条件决定了区域生态环境的承载潜力,而能否充分利用生态环境的承载潜力并保持在合理的承载范围之内,主要取决于人类活动和经济社会发展对生态环境的利用方式、作用强度和减缓不利影响措施的效果,即可以通过生态环境建设、调控与管理政策,提高生态环境承载的可持续性,协调与经济的可持续发展。

2.2 生态环境承载力评价方法

承载力研究已展开百余年,自 20 世纪 80 年代后期起,其评估方法得以广泛发展,许多简单直观、易于理解、易于操作的思路和方法被应用到生态环境承载力评价中。其中常用的方法有生态足迹法、人类净初级生产力、状态空间法、综合评价法、系统模型法、生态系统服务消耗评价法等。

国内对生态环境承载力的研究始于 20 世纪 80 年代,例如,夏军等从可持续发展的视角,基于多因素关联分析理论对洱海流域的生态环境承载力进行了定量分析;高景丽等通过对城市生态环境承载力的分析研究,认为城市可持续发展的基础是生态环境承载力,对如何实现生态城市的可持续发展提出了建议;张彦英等指出,生态环境建设要以生态环境承载力为基础。在生态环境承载力评价方面,王奎峰等采用"压力-状态-响应"(PSR)模型构建了包含自然环境、生态环境、人口环境和污染环境 4 个方面、17 个指标的山东半岛生态环境承载力评价体系,运用层次分析法对山东半岛 6 个城市的生态环境承载力分别进行了分析说明;罗琼等利用指数法从资源承载力、环境承载力和社会系统承载力 3 个层面采用 23 个指标对京津冀地区生态环境承载力进行了评估分析,对于生态环境承载力的研究已有法可循。

2.2.1 生态足迹法

生态足迹(Ecological footprint,EF),又叫生态占用,是一种定量测度可持续发展程度及人类经济社会活动对资源需求与地球承载力之间关系的生物物理方法,在 20 世纪 90 年代初由加拿大不列颠哥伦比亚大学里斯教授(William E. Rees)提出。其原理是将某区域内资源环境基本需求总量转换为持续地向一定规模人口提供能源消耗、资源利用和消纳废弃物的生物生产性土地,即人类活动所消耗的各类用地的总和,然后对比供需平衡程度,进而判断一定区域的可持续发展程度,其本质是对研究区土地资源生产能力的估测。

生态足迹的意义不在于强调人类对自然的破坏有多严重,而是探讨人类持续依赖自然以及要怎么做才能保障地球的承受力。因此,生态足迹不仅可以用来评估目前人类活动的永续性,在建立共识及协助决策上也有积极的意义。例如,鲜明睿等将生态足迹法与景观格局结合起来对常州市生态承载力进行了动态分析,并对常州市可持续发展状况进行评价。

2.2.2　人类净初级生产力

人类净初级生产力(Human Appropriation of Net Primary Production,HANPP)指在人类生产、生活及改造利用活动中,人类所占用的绿色植物在单位时间、单位面积内通过光合作用产生的有机物质总量扣除呼吸后的剩余部分,即人类占用的植物净初级生产力部分。植物净初级生产力(Net Primary Productivity,NPP),是植物光合作用吸收的碳与呼吸作用释放的碳的差值,它反映了自然体系的恢复能力,是衡量生态系统结构特征与人口承载力的基础指标。但 NPP 法仅基于植物生产力进行生态承载力评估,忽略了人类社会的文化科技、经济活动等对生态承载力的影响。而 HANPP 量化人为因素对生态系统中资源利用的干预强度,可以评估单个产品与国家总消费之间的相关性,是一种综合的社会生态指标。HANPP 最初的发展主要是服务于人类的资源占用和人类的全球陆地系统角色研究方面,当前 HANPP 相关研究主要集中在改造实际 NPP 计算模型和分析与土地利用的关系方面,或在生态承载力核算领域作为 EF 法的补充应用。

2.2.3　状态空间法

状态空间法是借助欧氏几何空间,以三维空间向量的形式定量表征系统各要素的方法。通常由三个相互垂直的状态空间轴组成,分别表示系统的三种状态向量。空间中不同的点可代表系统的不同状态,点与原点连线的矢量模数即系统承载力的大小。

状态空间方法的优势之处在于能够对复杂系统进行描述,可以表达变量间的关系,根据各要素对区域生态承载力起到的作用不同,赋予其不同的权重。目前,权重的确定方法有层次分析法、熵值法、因子分析法等。状态空间方法不断推广,已被应用于军事、生物医学、社会经济及人类生活等诸多领域。毛汉英运用状态空间法计算了环渤海地区的区域承载力,这是状态空间法在国内的首次应用;此后,熊建新等以生态弹性力、资源环境承载力与社会经济协调力为三维坐标轴,对洞庭湖区生态承载力进行了综合评价;毛鹏等应用状态空间法,以生态系统的压力指标、承压指标以及潜力指标作为轴,对长江中游城市群的区域生态承载力进行了评价。

2.2.4 综合评价法

综合评价法是当一个复杂系统同时受到多种因素影响时,依据多个有关指标多系统进行评价。综合评价法多采用层次分析进行最终结果的综合,为减少层次分析法中人为主观性对综合评价结果的影响,模糊层次分析法、灰关联综合分析法、多因素关联分析法等计量方法被引入评价指标中。高吉喜以黑河流域为例,提出了以生态系统承载指数、生态系统压力指数和生态系统承载压力度为参数来计算生态承载力的综合分析法。

近年来遥感(Remote Sensing,简称 RS)与地理信息系统(Geographic Information System,简称 GIS)等新技术也被用来构建综合评价模型,进行承载力制图,这对制定应对措施与政策具有直观的指导作用,成为比较热门的承载力研究方法。

2.2.5 系统模型法

系统模型法是从系统整体角度反映区域生态承载力的数理模型方法,是近年生态承载力评估的热点方法之一,其优点在于对相关评价因素考虑的系统性、整体性以及动态性。目前国内生态承载力评价模型有神经网络模型、集对分析模型、灰色系统模型、多元回归模型、相对资源环境承载力模型、多模型互补对接支持下的系统动力学模型,也有将以上两种或两种以上模型进行整合的综合评价模型。随着系统动力学模型的不断成熟和广泛使用,越来越多的软件工具被开发和利用,如 Stella、Ithink、Powersim、Vensim、DYNAMO 等。

2.2.6 生态系统服务消耗评价法

生态系统服务是指人类从生态系统获得的所有惠益,主要分为供给服务、调节服务、文化服务和支持服务四大类。生态承载力的基础是生态系统的结构和生态过程,承载主体是区域的生态系统,表现为生态系统服务,是生态承载力的限制性因素。生态系统服务消耗评价法在分析生态服务和消费的基础上,不仅揭示了人类生产与生活、社会经济发展和资源环境之间的供求关系,而且还体现了生态结构之间的关系,因而能够产生更全面、更精确的生态承载力核算结果,这将有助于指导人类生活和社会经济消费模式的调整和转变。杜文鹏等从生态系统服务供给与消耗方面选取能够反应生态系统承载力的相关指标,构建评价模型,研究了海南省的生态承载力状况。

近年来,消费结构发生了变化,人类对生态系统服务的需求在世界大部分地区变得更加多样化,这种消费需求的增长甚至超过了人口增长,已成为影响生态系统的核心因素,通过改变消费模式来减少生态系统的压力已经成为生态管理的焦点。千年生态系统评估提供了一个概念框架,将所有与人类密切相关的生态系统服务纳入评估体系,对每种生态系统服务进行承载力评估,应用"木桶效应",取最小值为区域承载力。

各种评价方法都有自身特点和应用范围,目前在国内外不同领域、不同区域的生态环境承载力评价上都有应用,各方法优缺点和适用范围见表 2-1。

表 2-1　生态环境承载力各评价方法的优缺点

评价方法名称	本质	优势	缺陷	适用范围
生态足迹法	土地生产能力估测	在面对复杂区域生态系统时有更大的应用空间	对自然系统提供资源、消纳废弃物的功能、区域贸易的影响描述不周,模型参数弹性不足	国家或国际范围
人类净初级生产力	人类对NPP的占用	能定量表示区域生态系统的生态上限	忽略了生物量进出口问题、缺乏研究数据	全球与国家范围
状态空间法	系统外部特征和内部性能的时域定量分析	可描述区域生态承载力的动态变化,还可以定量计算不同情形下生态承载力之间的差异	对人的主观能动作用、资源替代作用不够重视	一定时间尺度内的区域承载力研究
综合评价法	承载载体的客观承载力与被承载对象压力大小的计算	考虑因素较为全面,可跨越不同单位尺度	操作复杂,指数精确性待证	结构功能复杂的区域

评价方法名称	本质	优势	缺陷	适用范围
系统模型法	从整体生态系统动态变化角度	系统、动态的反馈分析	模型构建困难,结果验证困难	作用机理清晰
生态系统服务消耗评价法	生态系统服务量计算	揭示了人类生产与生活、社会经济、资源环境之间的供求关系,能够产生更全面的生态承载力核算结果	把生态系统看作一个"黑箱",不考虑各种生态系统服务之间的相互作用和边际效应,模型参数弹性较小,小范围承载力研究准确度低	适用于大尺度

2.3 江苏省生态环境承载力

2.3.1 江苏省生态环境承载力研究现状

江苏省综合经济实力在全国一直处于前列,然而,在江苏省城市经济持续增长的同时,环境问题也如影随形,经济发展模式始终摆脱不了高投入、高消耗、高排放。因此,研究江苏省生态环境承载力问题对江苏省城市可持续发展有着重要的理论意义和实际意义。

近年来,相关学者根据江苏省实际情况开展了相关的研究,力图从生态环境承载力出发,提出促进江苏省社会经济可持续发展的对策、建议。陈海波等(2013)构建了江苏省城市资源环境承载力指标体系,运用层次分析法和聚类分析法对江苏省十三个市区的城市资源环境承载力进行了空间差异比较研究。胡敏等(2013)从城市资源环境承载力的内涵研究入手,构建了城市资源环境承载力评价体系,运用层次分析法对江苏省 1991—2011 年资源环境承载力进行了综合评价,并在此基础上提出了提高江苏省资源环境承载力的对策建议。丛柳笛(2019)以江苏省为研究对象,选取 2007—2016 年 10 年数据,从江苏省整体(层次 1)、苏南苏中苏北三大地域(层次 2)及其 13 个地级市(层次 3)这 3 个层次展开定量分析,对江苏省城市生态承载力进行了评价。顾家明(2019)等基于"DPSIR-TOPSIS 模型"对江苏省 2001—2015 年的生态承载力进行评价,并对其障碍度进行诊断。崔昊天等(2020)基于"压力-状态-响应"(Pressure - State - Response,简称 PSR)概念模型,以连云港市为例,构建了海岸带综合生态承载力评价指标体系(4 层 23 个具体指标),对 2005—

2014年间连云港市的综合生态承载力进行了评价,并基于此评价对我国海岸带城市提出相关政策建议。

2.3.2 江苏省生态环境承载力评价

基于对江苏省生态环境承载力相关研究的调研分析,结合对现有评价方法优缺点分析结果,目前适用于江苏省生态环境承载力评价的方法为综合评价法。结合调研综合评价法中的两种常用评估模型:驱动力(D)—压力(P)—状态(S)—影响(I)—响应(R)模型和压力(P)—状态(S)—响应(R)模型,对江苏省生态环境承载力进行分析。

(1) 基于"DPSIR-TOPSIS模型"的承载力评价

在DPSIR模型中,D代表"驱动力",可以看作是区域资源与环境变化的潜在原因,主要是指区域社会经济活动的内在动力及发展趋势;P代表"压力",主要是指区域生产活动和需求获取对周边资源、环境的影响,是生态环境变化的直接原因;S代表"状态",是指区域生态环境在驱动力和压力之下所呈现出的各种状况;I代表"影响",是指区域内各生态系统的各种状态对经济、社会、资源、环境等的反馈结果与影响程度;R代表"响应",是指为实现经济社会可持续发展而采取的积极有效措施与对策。该模型框架如图2-1所示。

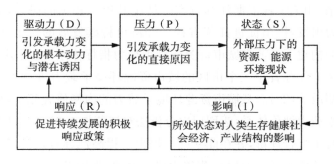

图2-1 DPSIR模型框架

基于DPSIR模型,顾家明等构建了江苏省生态环境承载力评价指标体系,包括从目标层、准则层到指标层共30项指标,其中驱动力层选取了6项指标,压力层选取了5项指标,状态层选取了5项指标,影响层选取了7项指标,响应层选取了7项指标;根据对评价结果的影响,将指标区分为正向指标和负向指标。指标体系及权重见表2-2。

表 2-2　基于 DPSIR 模型的生态环境承载力评价指标体系

目标层	准则层	指标层	指标性质	权重
生态环境承载力	驱动力 D	人均 GDP/(元/人)	正向	0.119 123 64
		人口自然增长率/%	正向	0.004 414 69
		城镇居民人均可支配收入/元	正向	0.088 502 94
		农村居民人均可支配收入/元	正向	0.082 473 77
		城镇居民恩格尔系数/%	负向	0.005 722 17
		农村居民恩格尔系数/%	负向	0.005 397 31
	压力 P	人口密度/(人/km²)	负向	0.001 654 54
		二氧化硫排放量/10⁴ t	负向	0.008 189 00
		工业废水排放量/10⁴ t	负向	0.005 739 05
		生活污水废水排放量/10⁸ t	负向	0.035 119 67
		工业固体废弃物排放量/10⁴ t	负向	0.064 232 99
	状态 S	建成区绿化覆盖率/%	正向	0.004 135 00
		第二产业贡献率/%	正向	0.003 304 45
		建成区面积/km²	正向	0.027 642 05
		水资源总量/10⁴ m³	正向	0.030 803 01
		人均公园绿地面积/m²	正向	0.021 868 65
	影响 I	环境空气质量优良率/%	正向	0.004 290 09
		近岸海域水环境质量达标率/%	正向	0.00 150 543
		第三产业比重/%	正向	0.001 673 56
		自然保护区面积占辖区面积的比重/%	正向	0.007 857 46
		城镇登记失业率/%	负向	0.005 389 79
		每万人拥有医院、卫生院床位数/张	正向	0.024 341 20
		自然保护区面积/10⁴ hm²	正向	0.026 424 16
	响应 R	能源消费总量/10⁴ t 标准煤	负向	0.070 625 74
		垃圾粪便年处理量/10⁴ t	正向	0.010 154 82
		无害化处理厂日处理能力/t	正向	0.044 590 34
		生活垃圾清运量/10⁴ t	正向	0.020 919 11
		城市市政工程污水处理率/%	正向	0.006 211 06
		环境管理业投资额/亿元	正向	0.145 509 13
		环护支出占一般公共预算支出的比重/%	正向	0.122 185 18

运用 TOPSIS 模型,对江苏省 2001—2015 年的生态承载力进行测度,结果如图 2-2 所示。按照程度的大小,将其划分为 5 个等级:差(0,0.3],较差(0.3,0.5],一般(0.5,0.7],较好(0.7,0.9],优秀(0.9,1]。

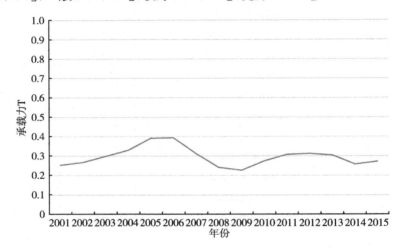

图 2-2　2001—2015 年江苏省生态承载力(综合评价法)

反映了江苏省 2001—2015 年生态承载力的综合评价情况,从评价结果的走势来看,呈现"N"态势,从评价结果所体现的生态承载力程度来看,处于"差"和"较差"的状态。

2001—2006 年生态承载力总体呈上升趋势,这与江苏省出台的环保政策相关:江苏省 2001 年通过《关于加强环境综合整治推进生态省建设的决定》,明确环境与发展综合决策以及生态建设的目标;2004 年出台《关于落实科学发展观促进可持续发展的意见》,实施《江苏生态省建设规划纲要》,确定江苏生态省建设的指导思想、目标任务、建设内容和工作措施。一系列生态规划和政策出台为提升生态承载力提供制度保障。

2006 年之后,生态承载力急剧下降,且到 2009 年达到最低值,主要原因是这段时间我国爆发了严重的金融危机,江苏省的经济受到影响,这段时间,江苏省政府进行产业结构调整、资源重组以及加大对能源的消耗力度。

2009 年之后,生态承载力有明显的回升迹象,但是提升的程度不高。

张楠等基于生态足迹理论模型对江苏省可持续发展情况进行研究,江苏省 2006—2015 年生态承载力变化与"DPSIR-TOPSIS 模型"中对应时间段生态环境承载力曲线变化趋势相似。

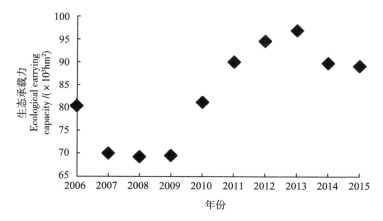

图 2-3　2006—2015 年江苏省生态承载力(生态足迹法)

根据单项指标障碍度的诊断结果,测算得出 2001—2015 年江苏省生态承载力分类指标的障碍度,其测度结果见表 2-3。

表 2-3　江苏省 2001—2015 年生态承载力各分类指标障碍度

年份	驱动力子系统(D)	压力子系统(P)	状态子系统(S)	影响子系统(I)	响应子系统(R)
2001	0.212 6	0.043 3	0.098 4	0.020 1	0.963 7
2002	0.195 8	0.046 7	0.091 2	0.023 3	0.900 6
2003	0.231 1	0.032 8	0.085	0.023 6	0.921 6
2004	0.173 6	0.021 5	0.080 4	0.010 9	0.918 4
2005	0.172 4	0.053	0.077	0.01	0.883 9
2006	0.143 7	0.062 1	0.066 1	0.009 8	0.881 1
2007	0.106	0.059 4	0.051 1	0.009 7	0.902 7
2008	0.131 7	0.032	0.058 3	0.007 8	0.906 8
2009	0.094	0.041 7	0.049 4	0.007 1	0.932 8
2010	0.089 9	0.048 1	0.019 7	0.006 6	0.881 6
2011	0.065	0.036 6	0.041 5	0.005 2	0.900 7
2012	0.060 8	0.031 9	0.034 7	0.002	0.927 1
2013	0.046 3	0.020 4	0.031 3	0.003 7	0.905 5
2014	0.033 7	0.108 8	0.026	0.001	0.786 9
2015	0.001 1	0.090 5	0.020 9	0.005 6	0.702 4

研究发现,2001—2015 年,江苏省生态承载力各个子系统障碍度呈现出不同的演变趋势。总体来说,驱动力子系统、压力子系统、状态子系统、影响子系统和响应子系统的障碍度呈不同程度的下降趋势;分类障碍度的总体情况表现为:响应子系统>驱动力子系统>压力子系统>影响子系统>状态子系。可见,响应子系统的障碍度最高,因此,为提升江苏省生态承载力,政府和社会各界必须作出响应。

(2) 基于"PSR-TOPSIS 模型"的承载力评价

在 PSR 概念模型中(图 2-4),P 代表"压力",主要是指区域生产活动和需求获取对周边资源、环境的影响,是生态环境变化的直接原因;S 代表"状态",是指区域生态环境在压力之下所呈现出的各种状况;R 代表"响应",是指为实现经济社会可持续发展而采取的积极有效措施与对策后的结果。

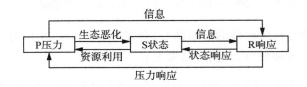

图 2-4 PSR 概念模型

江苏环保产业技术研究院股份公司等单位根据 PSR 模型中各模块的含义,在代表性、系统性、可操作性等原则指导下,结合江苏省人口、社会经济发展现状,以及资源节约利用和生态环境中存在的问题,分别从经济、社会、资源、环境等方面构建了江苏省生态环境承载力评价指标体系[《生态环境承载力评价技术规范》(送审稿)],包括从目标层、准则层到指标层共 28 项指标。其中,压力层有 13 项指标,状态层有 10 项指标,响应层指有 5 项指标。各指标及权重分析赋值如下表 2-4 所示。

该评价方法将江苏省生态环境承载力按照程度的大小,划分为 5 个等级:重度超载(0,0.2],中度超载(0.2,0.4],轻度超载(0.4,0.6],基本承载(0.6,0.8],可承载(0.8,1]。

表 2-4 生态环境承载力评价指标体系

目标层	准则层	分目标层	指标层	指标性质	综合权重
生态环境承载力	压力P	社会发展	人口密度/(人/km²)	负向	0.039
			人均GDP/(元/人)	正向	0.033
			化肥施用强度/(kg/km²)	负向	0.025
			土地开发强度/%	负向	0.045
			农药施用强度/(kg/km²)	负向	0.027
		资源消耗	人均生活用水量/(t/人)	负向	0.025
			单位国土面积能耗/(t/km²标准煤)	负向	0.037
			单位国土面积二氧化碳排放量/(t/km²)	负向	0.035
		环境污染	单位国土面积工业废气排放量/(m³/km²)	负向	0.034
			单位国土面积SO₂排放量/(t/km²)	负向	0.037
			单位国土面积工业废水排放量/(t/km²)	负向	0.039
			单位国土面积化学需氧量排放量/(t/km²)	负向	0.035
			单位国土面积工业固体废物产生量/(t/km²)	负向	0.026
	状态S	资源禀赋	人均水资源占有量/(m³/人)	正向	0.036
			耕地面积占比/%	正向	0.026
		生态资源	生态空间保护区域面积占比/%	正向	0.036
			建成区绿化覆盖率/%	正向	0.024
		环境治理	生态环保投入占比/%	正向	0.083
			工业固体废物综合利用率/%	正向	0.029
			生活垃圾无害化处理率/%	正向	0.026
			污水处理率/%	正向	0.023
		经济发展	居民人均可支配收入/(元/人)	正向	0.037
			第三产业占比/%	正向	0.038
	响应R	生态弹性	生态环境状况指数	正向	0.074
			水土保持率/%	正向	0.021
		环境达标	地表水省考以上断面达到或优于Ⅲ类比例/%	正向	0.035
			环境空气质量优良率/%	正向	0.037
			受污染耕地安全利用率/%	正向	0.038

表 2-5　生态环境承载力等级判定表

生态环境承载力 T	(0.8~1]	(0.6~0.8]	(0.4~0.6]	(0.2~0.4]	(0~0.2]
等级	可承载	基本承载	轻度超载	中度超载	重度超载

　　根据确定的生态环境承载力评价方法,对江苏省(南京、无锡、徐州、常州、苏州、南通、连云港、淮安、盐城、扬州、镇江、泰州、宿迁)13 市进行测算,通过各指标数据计算江苏省各设区市近 10 年(2011—2020 年)的生态环境承载力数值。江苏省各设区市生态环境承载力变化见图 2-5。结合生态环境承载力等级判定表(表 2-5)可知,近 10 年来,虽然各市的生态环境承载力状况总体呈上升趋势,但至 2020 年,各设区市的生态环境承载力状况仍处于超载状态。

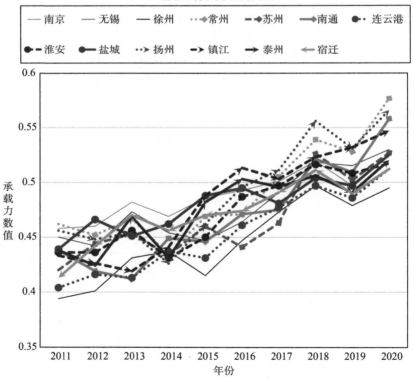

图 2-5　2011—2020 年江苏省各设区市生态环境承载力评价结果

由于对生态环境承载力研究的方法及指标体系不尽相同,当选用不同的方法对江苏生态环境承载力进行计算时,其结果会有差别。从结果的变化趋势来看,江苏省的生态环境承载力较差,且处于缓慢变好趋势。

2.4 基于评价结果及现状的对策

基于文献资料及江苏省环境现状分析,可以从以下几个方面提高环境承载力。

(1) 持续减排,减轻承载力压力。

从压力层面角度出发,可以通过减少污染物的排放来减轻其对环境承载力的影响,具体指标可包括工业废水排放量、化学需氧量(COD)年排放量、氨氮年排放量、一般工业固体废弃物产生量、二氧化硫排放量、烟(粉)尘排放量等。

(2) 优化布局,改善承载力状态。

规划区划优先,在总体生态环境承载状况严峻,各地市承载能力各不相同的情况下,先通过优化布局,科学划定和严格落实环境功能区划等措施避免布局问题,促进重点地区水质及空气质量达标。合理安排达标尾水尾气出路。对江苏省13个城市的达标尾水尾气,按行政分区就地消化,余量部分再根据具体环境容量和环境功能区达标要求,选取目标作为尾水废气通道。

(3) 加强管控,促进承载力响应。

加强对生态环境承载力的响应程度,通过提高生态环境综合治理能力、提升生态环境状况等方面提升对生态环境承载力的影响。

大气方面,宜重点推进火电、钢铁、水泥、玻璃、石化、化工、包装印刷、涂装等行业环境工程技术规范制修订;水方面,宜重点推进水体生态修复等领域及造纸、焦化、氮肥、有色金属、印染、农副食品加工、原料药制造、制革、农药、电镀等行业环境工程技术规范制修订;土壤方面,宜重点筛选与推进典型污染场地成熟修复工艺的环境工程技术规范制订。

加强危险废物重点行业管理,修订危险废物鉴别标准,制定制药菌渣、废催化剂、化工残渣、医疗废物等典型危险废物综合利用及处置技术规范。落实《土十条》提出的对电子废物、废塑料等再生利用活动进行清理整顿工作的要求,制定固体废物回收利用技术规范。加强化学品环境与健康风险评估能力建设,明确化学品测试规范化程序,制定化学品测定、危害预测等技术规范。

此外,应提高环保投入水平,充分考虑环境现状,有限的治理资金,污染治理成本之间的关系,通过建立实施环境保护基础设施投资项目优选机制等措施,将资金集中在最需要提高的"短板"上面。提升经济运行效率和产出,提高资源能源利用效率和环保水平,从根本上改善社会经济高速发展与承载力不足之间的矛盾。强化区域环境管理,强化管理统筹,统一区域环境要求和市场准入标准,建立区域环境管理协调机制,提高环境监管能力和水平。

生态环境承载力的提升任重道远。应科学培育新增长极,引导经济合理布局;提高资源利用效率,优化资源空间配置;提升清洁生产技术,加强污染联防联治;建立区域竞优理念,促进流域协调管理等方面优化,促进江苏生态环境承载力的可持续发展。

3

生态环境标准体系发展现状与问题诊断

江苏省生态环境状况总体稳定趋好,但经济社会快速发展与资源环境承载能力之间的矛盾日益凸显,结构性、区域性环境污染问题突出,环境质量形势依然较为严峻。为打赢污染防治攻坚战,实现高质量发展,有必要加快推进我省治理体系与治理能力现代化建设,建立健全现代化生态环境标准体系,发挥更加强大有力的技术与管理支撑作用。

近年来,江苏省高度重视生态环境标准体系建设,发布水污染防治、大气污染防治、城镇污水处理厂及重点行业管控标准,并加强管理规范,制定生态环境标准发展规划,从生态环境质量标准、污染物排放标准、管理规范等方面,推进生态环境标准建设,针对水环境、大气环境、土壤环境、生态红线保护等重要领域颁布实施一系列环境管理标准及技术规范,加强保障措施,确保生态环境标准的立项、推进、审核、发布。

近年来,江苏省生态环境标准体系不断发展完善,但高质量发展需求及治理体系治理能力现代化建设需要对江苏省生态环境标准体系提出更高要求,江苏省地方生态环境标准未形成完整全面的地方标准体系,仍存在以下问题:

(1)在与国家生态环境标准体系的衔接上,尚无法完全与国家标准相匹配,地方标准制定计划与国家标准研究计划的沟通协调有待加强。

(2)在标准体系的动态更新上,一方面,环境标准限值的确定取决于现阶段生产工艺技术和污染治理水平,而工艺和治理技术是一个动态发展的过程,随着生产工艺和污染治理水平的不断提升,标准限值落后于技术水平,污染控制针对性及约束作用也随之减弱,标准制修订需求产生;另一方面,随着经济社会的发展,新型环境问题及管理需要对生态环境标准体系提出新的管理需求,但现行江苏生态环境标准体系缺乏及时有效的更新机制。

(3)标准实施绩效评估仍需加强,有待进一步开展标准实施后的社会、经济、环境效益研究。标准评估规范流程及标准体系优化完善机制有待建立。

(4)在标准管理与备案方面,地方标准库的构建、更新完善工作有待加强。

因此,需要尽快调研和甄别现行地方生态环境标准,研判现行生态环境标准体系存在的问题,识别经济发展、先进技术、政策热点需求,加强科技创新支撑,推进地方生态环境标准的制修订工作,构建现代化生态环境标准体系。从环境质量、环境监测、污染物排放、环境管理规范等方面对现行生态环境标准体系进行问题诊断。

3.1 环境质量和监测规范/方法标准体系问题诊断

党的十八届三中全会通过的《中共中央关于全面深化改革若干重大问题的决定》明确指出,"建立资源环境承载能力监测预警机制,对水土资源、环境容量和海洋资源超载区域实行限制性措施"。环境承载力是指在一定时期、一定状态或条件下、一定的区域范围内,在维持区域环境系统结构不发生质的变化、环境功能不遭受破坏的前提下,区域环境系统所能承受的人类各种社会经济活动的能力。目前常见的是通过环境质量监测数据与相关阈值(一般是环境质量标准)比较作为承载力的指数。

环境质量是环境承载状态的最终表现,按照环境质量变化状态进行环境承载管理是一种有效且科学合理的方式。基于环境质量标准的环境承载力评价方法,即通过计算污染物浓度超标指数来衡量环境承载力状况,为建立全省乃至全国层面的资源环境承载力监测预警机制提供了重要基础支撑。

江苏省地处中国长江三角洲经济发展群,曾经的经济增长在很大程度上是靠高投入、高消耗、高排放来实现的。这不仅制约了经济的持续增长,也带来严重的环境问题。本研究对江苏省生态环境承载力的分析结果表明:江苏省的生态环境承载力较差,以环境目标和污染物总量控制倒逼经济结构调整,以严格的准入条件和环境标准倒逼项目节能减排增效,破解制约江苏社会经济发展的生态承载力瓶颈。随着江苏省加快生态文明的建设,开始进行产业升级和转型,亟待因地制宜,根据环境质量的最新基本要求,明确可排行污染物的"阈值",制定江苏省环境基准,并建立起基于江苏省环境质量标准的江苏省环境承载力评价方法。

目前,江苏省地方环保标准体系已初步形成,对污染减排、改善环境质量发挥了重要作用,在环境质量改善、污染物减排、经济结构调整、产业技术进步等方面发挥了积极作用,但近些年来环境基准和环境标准发展较缓慢,已不能全面、准确反映环境污染现状;各地存在明显的差异性,导致环境基准和环境标准针对性和适应性不够。随着环境管理工作要求的不断提高,进一步完善、健全现行国家、地方环境质量标准体系的需求也日益突出。

3.1.1　区域环境质量基准

我国现行环境质量标准多借鉴于发达国家的生态毒性数据,我国现行的环境标准是否可以为我国生态环境中的大多数生物提供适当的保护还缺乏充分的科学依据。因此,需要根据我国的实际情况开展环境质量基准研究,为制定科学的环境质量标准奠定基础。我国是一个人口大国,环境问题复杂,社会经济活跃,加上区域环境特征、污染特征以及基准的保护对象等的差异,使得我国的环境质量基准体系具有不同于其他国家的区域特点。

(1)环境特征存在差异,现有标准难以协调不同地区环境质量需求。

我国地域广袤,不同区域地质、地理、气候、生态系统等环境特征差异明显,一方面,西部经济欠发达地区环境污染程度较轻,东部地区则呈现营养物和有毒有害有机物复合污染的特征,影响环境质量基准的区域差异特征更加明显;另一方面,不同污染物在不同的地质地理、气候、环境(物理、化学和生物)特征、污染程度和水生态系统特征条件下,会有不同的环境行为和生态毒理与健康效应,因而需要不同的环境质量基准。

以《地表水环境质量标准》(以下简称《标准》)为例,其基本项目标准值分为五类,涉及饮用水源、渔业、农业、工业等多种水域功能,其中一类标准至少对应两类水域功能,如规定达到Ⅱ类和Ⅲ类标准的水体可用作集中式生活饮用水源地和水生生物栖息地用水,因此,标准值需要同时满足保护人体健康和水生生物的要求。以铜和锌两项污染物为例,该《标准》制定时以美国环境保护局 1999 年发布的美国水生生物慢性基准和人体健康基准为依据制定了我国现行Ⅱ类水质标准限值,但是美国人体健康基准中铜、锌浓度限值分别为 1.3、7.4 mg/L,而美国水生生物慢性基准中二者浓度限值分别为 0.001 45、0.12 mg/L,相差 60～1 000 倍。我国《标准》中铜和锌两项污染物浓度的Ⅱ类标准限值均为 1 mg/L,可以满足保护人体健康的要求,而对水生生物的保护可能不足。

(2) 污染特征存在差异,现有标准无法反映区域污染现状。

我国环境污染具有点源与面源共存、生活污染和工业排放叠加、各种新旧污染与二次污染形成复合污染的特点。如太湖等流域以纺织印染、化工、轻工、冶金和医药等五大行业为主的工业污染相对严重,存在有机污染物、重金属、有机氯农药污染;而滇池和巢湖流域的面源污染相对严重。不同于其他发达国家,我国这些重点区域的污染特征明显,水环境质量基准体系差异性显著。

(3) 保护对象存在差异,现有标准无法有效保护不同区域生物物种。

基准主要是以保护人和生物为核心开展的。但是不同区域和不同国家的生物区系、结构和功能特征以及经济条件和生活习惯(风险水平、暴露途径)具有一定的差异性,美国国家环保署一般选用在北美分布的生物作为试验物种(如鲑和鳟鱼等鱼类)来研究水生生物基准;而我国主要食用的是淡水鱼。由于不同保护对象对生活环境的适应性和要求及对污染物的耐受性上有很大的差异,环境质量基准也可能具有一定的差异性。

因此,根据 2014 年修订的《中华人民共和国环境保护法》第二章第十五条明确规定——国家鼓励开展环境基准研究。而我国对环境质量基准的研究尚处于起步阶段,迄今为止,还没有形成一套基于完整科学理论和足量实测数据支持的环境质量基准文件,从而导致多以国外标准和准则值为参考制定环境标准,不能满足我国环境保护事业发展的需要。因此,有针对性开展环境质量基准研究尤为迫切。

3.1.2 环境质量标准体系问题诊断

《中华人民共和国环境保护法》规定,省、自治区、直辖市人民政府对国家环境质量标准和污染物排放标准中未做规定的项目,可以制定地方标准;对国家环境质量标准和污染物排放标准中已做规定的项目,可以制定严于国家标准的地方标准。该规定赋予了地方人民政府制定强制性地方环境标准的权限。地方级标准反映地方特征,严于国家环境标准,并作为国家环境标准有益和必要的补充。

江苏省地方环境标准建设起步早,限值制定严格,减排效应明显,但建设重点为污染物排放标准的制定,未开展地方质量标准的制定,质量标准领域仍为空白。经调查,其他省份环境质量标准在地方标准体系中占比不高,仅少数省(市)制定了部分环境质量标准,主要涉及土壤风险评价筛选、地表水环境中特殊污染物等方面,如《场地土壤环境风险评价筛选值》(北京)、《土壤重金属风险评价筛选值 珠江三角洲》(广东省)、《松花江水系地表水环境质量标准 氯苯类有机污染物》(黑龙江省)等。为了填补地方环境质量标准的空白,为未来江苏省环境管理提供基础资料,对现有国家环境质量标准应用中存在的问题开展深入分析,以期为江苏省地方环境质量标准研究,乃至参与国家环境质量标准研究提供科学的支撑。

3.1.2.1 水环境质量标准

(1) 湖泊水库缺乏适宜的分区营养物标准

水体富营养化及其导致的蓝藻水华是我国湖泊水环境的主要问题,受到地质、气候和温度的影响,不同区域营养物基准阈值差异较大。美国将全国划分为 14 个生态区,不同区域制定不同的营养物基准。我国对于湖库型水体,《地表水环境质量标准》(GB 3838—2002)中规定了总氮和总磷指标的统一标准,然而我国地域广阔,各地区存在地理位置、地形地貌、气候条件、湖泊形态以及人类开发程度等方面的差异,不同区域湖库水体的富营养化现象对营养物水平的响应差异巨大,对于受人类干扰强度大的东部大部分浅水湖泊,营养物基准制定难度更大。

(2) 水质标准项目类型覆盖不全面

《地表水环境质量标准》(GB 3838—2002)中集中式生活饮用水地表水源地保护项目共计 85 项,非饮用水源的地表水体涉及水生生物保护项目则相对偏少,其中河流类型地表水仅 23 项、湖库 24 项。然而,美国保护水生生物基准共 60 项,欧盟保护水生生物基准共 45 项,相比之下,我国对于水生生物保护的项目类型明显不足,尤其是涉及有毒有害有机污染物的指标较缺乏。近年来,我国地表水中频繁检测出一些长期累积性、复合性新型污染物,如抗生素、环境激素和微囊藻毒素等,目前《地表水环境质量标准》(GB 3838—2002)中尚未包含这些物质,因此缺失对此类污染物排放控制的相应标准,导致现行环境质量管理中对该类污染物的控制管理不足。

(3) 标准指标衔接性问题

《地表水环境质量标准》(GB 3838—2002)中有些指标间存在关联性,但标准值却相互不衔接,造成质量管理上存在冲突。以总氮和氨氮两种污染物为例,水体中溶解性总氮的主要组成是氨氮、硝态氮和亚硝态氮,在《地表水环境质量标准》(GB 3838—2002)中这两种污染物的Ⅱ至Ⅴ类标准值相同,存在着不协调性。再如汞的标准限值,《地表水环境质量标准》(GB 3838—2002)的Ⅲ类和《地下水质量标准》(GB/T 14848—2017)的Ⅲ类两者相差 10倍,水质标准限值存在显著差异。一些指标的标准值出现过宽或过严的现象,如在汞、阴离子合成洗涤剂、马拉硫磷、甲基对硫磷和苯并(a)芘五项指标的标准限值均小于其在《生活饮用水卫生标准》(GB 5749—2006)中的标准限值。砷、氰化物、挥发酚类、敌敌畏、环氧氯丙烷在《地表水环境质量标准》(GB 3838—2002)中的Ⅲ类限值明显高于《生活饮用水卫生标准》(GB 5749—2006)的水质限值,也就是说,满足《地表水环境质量标准》(GB 3838—2002)要求的地表饮用水源水未必是安全的饮用水。

(4) 未按照优先和非优先控制污染物确定标准限值

优先控制污染物为众多污染物中筛选出的潜在危险大,作为优先研究和控制的对象。我国在进行研究和参考国外经验的基础上也提出了优先控制污染物名单,修订地表水环境质量标准应把优先控制污染物列入,同时列入非优先控制污染物指标。

3.1.2.2　近岸海域水质标准

《海水水质标准》(GB 3097—1997)是我国重要的水质质量标准之一,也是我国海洋生态环境保护管理的重要抓手,在水污染防治中具有举足轻重的作用。但从现状来看,随着我国海洋生态环境保护形势的转变、环境污染特征的变化以及国内外水环境领域科学研究的不断发展,现行海水水质标准已经难以适应当前海洋生态环境管理需求。

(1) 标准制定未充分考虑我国水生态系统特征

水质基准是制定水质标准的理论基础和科学依据,是水质标准不可或缺的"坐标",决定了水质标准本身的科学性和客观性。一个完整的水质标准体系应以保护人体健康和生物资源安全为首要目标。当前,我国的水质基准及标准研究,特别是近岸海域水质基准及标准研究的科学基础极为薄弱,并未从真正意义上建立起相应的水环境质量基准体系。现行的《海水水质标准》(GB 3097—1997)在制定时主要依据的是美国、日本及欧洲等发达国家以及国际组织的相关水质标准和水生态基准数据,基本上没有我国本土的水环境质量基准数据,在制定的过程中并未充分考虑我国自身的水生态系统特征,难以切实有效地为我国水生态系统提供适当的保护。

(2)海洋环境质量标准值"一刀切"

我国陆域幅员辽阔,海岸线曲折漫长,不同地区不同海域的气候、地理环境和社会活动的差异导致不同区域的污染特征各不相同,各类污染物入海量差异显著。科学的海洋生态环境质量标准应以区域性的环境质量基准为基础和依据,充分考虑区域特征,以确保可给予本区域环境生态最为恰当的保护。然而,《海水水质标准》(GB 3097—1997)在限值和项目的设定上均为全国统一标准,并未根据不同区域、不同自然特征、不同生态系统类型以及区域社会经济特征予以差异性的规定和调整。这种"一刀切"式的水质标准限值缺乏合理性,导致我国海洋生态环境管理工作中存在一定程度的"欠保护"和"过保护"现象,无法保证区域生态系统的持续安全以及社会经济与资源环境的和谐发展。

(3)指标设置难以满足当前环境保护需求

美国现行的水质基准是2009年美国环保署签发的《国家推荐的水质基准》。该水质基准中共包括167项污染物,其中涉及了合成有机物106项、金属17项、农药32项、无机物7项、基本物理化学特性4项和细菌1项,涵盖了120种优先控制污染物和47种非优控污染物,此外还规定了23种污染物感官效应水质基准值。而我国海水水质标准中只包括39项污染物,其中仅包括了4项合成有机物和4项农药指标。因此,在污染要素的涵盖范围上,我国现行的海水水质标准在指标设置上过于单薄,指标内容主要以耗氧有机污染物、营养物质和重金属污染物为主,而对于在我国近岸海域水体中已普遍检出的典型持久性有机污染物、环境内分泌干扰物及毒性金属等对水生态环境造成严重破坏的有毒有害污染物并未充分考虑。指标设置在一定程度上虽能反映当前我国海洋环境的主要污染压力,但不能客观、科学、准确地反映当前我国近岸海洋环境的实际污染情况,已无法满足现今海洋环境保护的管理需求。

（4）海水水质标准在河口区的适用性差

入海河口是陆海相互作用的过渡地带，具有特殊的水质特征、水动力条件和生态系统。在河口区，河水与海水在相对较为狭小的空间区域内交汇混合，导致其环境复杂而独特，表现出极为强烈的资源丰富性、生物多样性、环境复杂性和空间异质性。河口区的水环境各类指标具有明显的区域性特征，生态系统则具有淡水生物与海洋生物双向生态渐变区特征。因而，河口区在近岸海域水环境质量管理中占据着重要地位。然而，由于河口区特殊的水体特征和地理位置，在河口区，《海水水质标准》（GB 3097—1997）已不能完全满足其生态环境保护要求。其在河口区的适用性差，无法提供适用于河口区的科学的水质评价方法和标准限值，导致重要河口水质评价结果长期"一片红"，不能客观地反映河口区水环境质量的现状及变化趋势，给水环境管理相关部门的监督管理工作造成影响。

（5）与《地表水环境质量标准》（GB 3838—2002）的衔接不畅

随着我国水环境保护工作的逐步推进，水污染物的管控已逐渐由河流向海洋发展，强调"陆海统筹"，实现海洋可持续发展。然而，当前我国现行的《海水水质标准》（GB 3097—1997）和《地表水环境质量标准》（GB 3838—2002）两项水质标准之间的衔接存在诸多问题，例如，适用范围存在交叉，指标选取存在差异以及采用不同的分析测试方法和标准限值等，导致陆海水质标准无法有效衔接，制约了我国海洋生态环境保护工作，尤其是污染源陆海联防联控工作的开展和实施。总体来说，我国的海洋标准体系方面还不够完善，与国外相比，其在标准制定原理、分类、污染物项目选择和水体功能等方面还有较大差距，难以满足未来面向海洋开发时代的需求和挑战。

3.1.2.3 污染场地环境质量标准

（1）污染场地环境质量标准体系尚不完善

我国已陆续出台多种污染场地环境标准体系和技术导则，例如《区域性土壤环境背景含量统计技术导则（试行）》《土壤环境质量 建设用地土壤污染风险管控标准（试行）》等，为我国地块土壤环境管理提供了重要依据。但江苏作为全国经济大省，土地开发强度大，其社会经济、城市定位、产业结构、公众需求等方面具有明显的地方特色。因此有必要结合地区实际，打造江苏标准，制定本土化的土壤环境质量标准体系。如江苏省土壤环境背景值标准、江苏省建设用地土壤污染风险筛选值和管制值等。

（2）风险评估方法过于保守

欧美许多国家在制定污染场地风险评估技术导则时，强调应采用层次化风险评估思路。江苏省的风险评估基本停留在第二层次，即利用评估场地部分实测数据对评估模型中的默认参数进行替换，其结果偏于保守：一是风险评估模型基于污染物在土壤中的全量，未能考虑土壤中有机质等对污染物的吸附锁定效果，高估重金属和疏水性有机污染物的风险；二是忽略了石油烃类易挥发性有机污染物在迁移过程中的生物降解作用，极大地高估了挥发性有机污染物的实际风险，导致部分污染物的计算修复目标值低于检出限；三是现有健康风险评估为确定性风险评估，对于地质条件的非均质性和各向异性、污染物浓度分布的空间变异性等，在风险评估时往往选取其中各类参数的保守值，极大高估了实际暴露风险。

（3）缺乏长期风险管理技术规范

污染场地采取一定的修复策略和措施后，使场地在特定用途和使用方式下的风险是可接受的，但并不能保证场地的使用是无限制的。修复达标后的场地如若未能达到无限使用，任何使用用途和方式的改变会带来一定的风险。采用制度和工程管控等风险管控措施的污染场地、污染土壤和地下水未得到彻底清楚；采用原位修复技术的污染场地可能存在污染物浓度的反弹。为确保场地开发利用对人体健康的保护性，需对修复后场地进行长期风险管理，定期监测评估各类控制性措施实施的有效性。

3.1.3　环境监测规范/方法标准体系问题诊断

我国现行环境监测规范/方法标准体系对提高环境监测技术水平、规范环境监测工作、提高环境管理能力等起到有利的技术支撑作用，但具体监测工作中仍存在诸多困难与问题。在环境保护工作取得积极进展的同时，环境保护标准体系的整体发展进程相对缓慢，环境监测规范/方法标准的发展滞后于环境管理发展的速度，当前多领域、多类型、多层面的生态环境问题累积叠加，生态环境质量提升压力不断增加，江苏省环境监测规范/方法标准在数量、内容和技术水平等方面与实际需求之间存在较大差距。一是各环境要素监测方法分布不均，二是现场快速监测方法欠缺。现行标准已难以满足当前环境保护的需求。

（1）现行标准难以满足当前环境保护需求

随着新时期环保工作的发展，各类需要监控的环境污染因子急剧增加，环境监测方法标准在数量、内容和技术水平等方面与实际需求之间存在的差距巨大。一是各环境要素监测方法分布不均。《地表水环境质量标准》（GB 3838—2002）和《环境空气质量标准》（GB 3095—2012）等环境质量标准中规定的目标物中常规监测指标居多，土壤、污染源废气、固体废物、生物和微生物等要素的监测方法的缺口较大，并且大部分监测标准方法陈旧落后；部分环境优先污染物、国际履约监测指标的监测方法标准空缺。二是现场快速监测方法欠缺。目前，我国用于现场快速监测方法标准数量较少，不能满足环境管理的需求，特别是不能满足环境应急、现场执法的需求；现行的应急仪器、设备等与发达国家相比还存在一定差距，加上我国地域辽阔，地形复杂，某些边远山区交通很不方便，现有仪器设备的分析方法不能适应应急监测需要。

（2）生态遥感监测方法薄弱

现阶段，生态环境监测技术仍不规范，监测指标不一，监测方法多样，评价方法千差万别。虽然原国家环境保护总局曾发布了《生态环境状况评价技术规范（试行）》（HJ/T 192—2006），但由于推广不够深入、宣传力度不大等原因，除全国环保系统外没有被其他部门或单位广泛采用。另外，当前的生态监测技术方法标准体系的发展没有跟上科技发展的步伐，生态监测科研工作基础薄弱，创新能力不高。此外，遥感监测方法仍有空白。在环境遥感应用方面，我国环保部门已建成了环境卫星、高分卫星等监测应用系统平台，开展了秸秆焚烧、灰霾、沙尘、湖库水华、水质、自然保护区、生物多样性保护优先区、跨环境地区等环境遥感监测。随着我国卫星环境监测能力迅速提升和自主环境遥感应用技术的不断发展，新时期环境保护工作对遥感监测的需求将大幅增加，但是配套的遥感监测技术方法基本为零。

（3）部分监测方法的科学性有待提高

标准制修订的科学基础需夯实强化，环境监测方法标准的制修订需要大量实际数据作为基础和支撑，在部分方法制修订过程中，实地调研不够充分，数据收集不够全面；同时，环境质量日常监测、监督性执法监测数据，以及相关科研项目积累的成果等数据共享程度不够，导致一些标准缺乏有力的数据作为支撑，基础不牢。此外，标准方法制修订过程中，重实验室分析，轻样品采样、保存、干扰消除以及前处理方法研究的现象较为突出，导致环境监测类标准与环境质量标准、污染物排放标准配套实施的适用性不强等,不利于监测工作的开展。

3.2 污染物排放标准体系发展现状与问题诊断

3.2.1 江苏省排放标准现状

3.2.1.1 江苏省地方排放标准发展情况

标准是环保工作中守法、执法的重要依据,是实现污染减排的重要技术支撑,也是倒逼产业结构升级、推动产业布局优化的重要抓手。地方环境标准对于改善区域环境质量、维护生态系统健康、确保经济社会环境可持续发展意义重大。江苏省高度重视地方生态环境标准体系建设,加强生态环境标准的制修订工作,改善经济社会发展与生态环境承载之间的矛盾。早在1998年就起草编制了《江苏省太湖流域总氮、总磷排放标准》(DB 32/191—1998),是我国第二个编制地方环境标准的省份(仅次于北京)。2004年制定的《江苏省纺织染整工业水污染物排放标准》(DB 32/670—2004)和2006年颁布的《化学工业主要水污染物排放标准》(DB 32/939—2006)为江苏省印染行业"二升一"和化工行业整治行动提供了重要的技术支撑。2007年制定了《太湖地区城镇污水处理厂及重点工业行业主要水污染物排放限值》(DB 32/1072—2007),大幅度提高了重点行业的排放要求,推动了各类新型污染防治技术的研发和应用,显著降低了区域氮磷等污染物的排放,在全国引起强烈反响。

江苏省是全国开展地方环境标准建设较早的省份之一,早在1998年就开始了地方标准的相关研究工作。近年来,江苏省根据环境状况特点及管理需求,不断完善地方标准体系。

水污染物排放标准方面,江苏省制定了针对重点污染物、重点行业的监测标准及排放标准,发布了不同水质中重点污染物的监测方法,并制定自动监测物联网数据传输规范,为水质监测、污染物排放、执法监督提供依据。自2004年以来,江苏省先后发布了《太湖地区城镇污水处理厂及重点工业行业主要水污染物排放限值》(DB 32/1072—2018)、《化学工业水污染物排放标准》(DB 32/939—2020)等系列地方环境标准,在解决苏浙跨界污染、化工行业整治、太湖水污染防治等方面发挥了重要作用。

大气污染物排放标准方面,针对挥发性有机物制定了化学工业、表面涂装、特殊移动源的排放标准,针对生物制药、铅蓄电池等重点行业制定了污染物排放限值,有效规范了相关行业的污染物控制,减少了大气污染物的排放,推动了江苏省重点行业挥发性有机物(VOCs)污染防治工作。

3.2.1.2 水污染物排放标准

江苏省结合自身实际情况,先后颁布了流域型、行业型等多个类型的地方水污染物排放标准,推动了各类新型污染防治技术的研发和应用,显著降低了区域氮磷等污染物的排放。目前国家水污染物排放标准已形成了"综合型＋行业型"标准体系,各地的水污染物排放标准体系与国家水污染物标准体系不尽相同,可以分为单一型标准体系和复合型标准体系。江苏省为复合型标准体系中的"行业型＋流域型"标准体系。为了增强排放标准的适用性和科学性,解决标准适用范围的重叠、空缺问题,相关部门加大了制定行业型污染物排放标准工作的力度,不断增加行业型排放标准的覆盖面,逐步缩小通用型污染物排放标准的适用范围。截至目前,省内现行的水污染物排放标准涉及的行业包括钢铁工业、纺织染整工业、生物制药行业、化学工业、半导体行业等,摘录见表 3-1。已立项处于编制阶段的有池塘养殖尾水、酿造工业、畜禽养殖业、焦化等排放标准。

表 3-1　江苏省水污染物排放标准

序号	标准编号	标准名称	状态
1	DB 32/1072—2018	太湖地区城镇污水处理厂及重点工业行业主要水污染物排放限值	现行
2	DB 32/3431—2018	钢铁工业废水中铊污染物排放标准	现行
3	DB 32/3432—2018	纺织染整工业废水中锑污染物排放标准	现行
4	DB 32/3560—2019	生物制药行业水和大气污染物排放限值	现行
5	DB 32/T 1705—2018	太湖流域池塘养殖水排放要求	现行
6	DB 32/939—2020	化学工业水污染物排放标准	现行
7	DB 32/3747—2020	半导体行业污染物排放标准	现行
8	DB 32/3462—2020	农村生活污水处理设施水污染物排放标准	现行
9	DB 32/4043—2021	池塘养殖尾水排放标准	现行

3.2.1.2　大气污染物排放标准

大气污染物排放标准有力支撑污染防治行动计划,截至目前,现行江苏省大气污染物排放标准分为行业型和移动源排放标准控制。涉及的行业包括汽车制造业、家具制造业、铅蓄电池工业、半导体行业、汽车、工业炉窑、化学工业等。省内现行大气污染物排放标准摘录见表3-2。

表3-2　江苏省大气污染物排放标准

序号	标准编号	标准名称	状态
1	DB32/2862—2016	表面涂装(汽车制造业)挥发性有机物排放标准	现行
2	DB32/3152—2016	表面涂装(家具制造业)挥发性有机物排放标准	现行
3	DB32/3559—2019	铅蓄电池工业大气污染物排放限值	现行
4	DB32/3560—2019	生物制药行业水和大气污染物排放限值	现行
5	DB32/3747—2020	半导体行业污染物排放标准	现行
6	DB32/T 2288—2013	在用汽车排气污染物限值及检测方法(遥感法)	现行
7	DB32/3151—2016	化学工业挥发性有机物排放标准	现行
8	DB32/3814—2020	汽车维修行业大气污染物排放标准	现行
9	DB32/3728—2020	工业炉窑大气污染物排放标准	现行
10	DB32/4041—2021	大气污染物综合排放标准	现行
11	DB32/3966—2021	表面涂装(汽车零部件)大气污染物排放标准	现行
12	DB32/3967—2021	固定式燃气轮机大气污染物排放标准	现行
13	DB32/4042—2021	制药工业大气污染物排放标准	现行
14	DB32/4147—2021	表面涂装(工程机械和钢结构行业)大气污染物排放标准	现行
15	DB32/4148—2021	燃煤电厂大气污染物排放标准	现行
16	DB32/4149—2021	水泥工业大气污染物排放标准	现行
17	DB32/966—2006	在用点燃式发动机轻型汽车稳态工况法排气污染物排放限值	现行

此外,为强化挥发性有机物(VOCs)综合治理,严格落实无组织排放控制标准,切实减少VOCs排放,促进空气质量持续改善,江苏按照《长三角区域大气污染防治协作2018年工作重点》要求,发布《关于执行大气污染物特别排放限值的通告》(苏环办〔2018〕299号),将大气污染物特别排放限值的执行范围从沿江8市扩大至全省,区域联防联控不断深化。船舶排放控制区范围扩大到长江、京杭运河江苏全段,苏州港、南通港驶入排放控制区船舶全部换用低硫柴油。

3.2.2　江苏省排放标准问题诊断

江苏省生态环境状况总体稳定趋好,但经济社会快速发展与资源环境承载能力之间的矛盾仍然明显,结构性、区域性环境污染问题突出,环境质量形势依然较为严峻。为打赢污染防治攻坚战,实现高质量发展,有必要加快推进我省建立健全现代化排放标准体系。

江苏污染物排放标准主要包括水污染物排放标准、大气污染物排放标准。为了增强排放标准的适用性和科学性,解决标准适用范围的重叠、空缺问题,相关部门加大了制定行业型污染物排放标准工作的力度,不断增加行业型排放标准的覆盖面,逐步缩小通用型污染物排放标准的适用范围。关于池塘养殖、表面涂装(汽车制造业)挥发性有机物、钢铁、纺织染整、铅蓄电池、生物制药、化学工业、半导体等行业的污染物排放标准陆续发布实施。

现行江苏省大气污染物排放标准分为行业型、通用型排放标准和移动源排放标准控制。水污染物排放标准根据污染物类型不同,还因不同行业类型而异。截至目前,省内水污染物排放标准涉及的行业包括钢铁工业、纺织染整工业、生物制药行业、池塘养殖、村庄生活污水及城镇污水处理厂等。已立项处于编制阶段的有池塘养殖尾水、酿造工业、畜禽养殖业等排放标准。

结合环境承载力评估结果,应从江苏省流域水环境、生活污水、工业废水废气、畜禽养殖等方面加强对排放标准的建设。现行排放标准尚未全面覆盖相关行业,例如流域水污染物排放在我省水污染排放中占较大比重,抓住流域水污染物排放这一主要矛盾,才可能实现省市总量控制和减排目标。目前,我国的水污染物排放标准"超期服役"现象严重。现行有效的国家水污染物排放标准大多制订于 2010 年之前。随着江苏省十多年来的经济社会发展,社会对优良水环境、大气环境的需求显著提升,原有的《城镇污水处理厂污染物排放标准》(GB18918—2002)等国标已经不能满足我省环境污染治理的需要。

此外,排放标准对于控制新型污染物的体现不够,例如氟氯烃(CFCs)、持久性有机污染物(POPs)和新型污染物(Emerging Contaminants)属于国际上严格控制的污染物,会对人体健康和生态环境产生严重影响,应尽早将其逐步纳入标准范围。目前,排放标准均未考虑如何控制 CFCs 和 POPs 和新型污染物的使用与排放,也未将其纳入监管范围,广泛采用的水体污染的综合指标 COD 无法反映某些毒性较大的痕量有机物的影响。

考虑到生态环境现状与生态环境承载力之间的矛盾关系,结合污染物排放控制标准体系发展现状,应根据污染防治技术、清洁生产技术和经济发展的需要,及时修订和完善过时的、不符合实际的标准,确保标准满足经济发展和社会进步需求。未来污染物排放控制标准体系建设在以下方面有待加强:

(1)主要污染物总量减排。实践证明,总量控制是目前我国降低环境承载压力的最有效途径。

(2)提升生活污水处理水平。按照先优化运行,后工程措施;先内部碳源,后外加碳源;先生物除磷,后化学除磷的技术原则,稳步推进老旧城镇污水处理厂升级改造。率先实现镇级污水处理设施全覆盖,在太湖周边等重点区域建设和运行好农村生活污水处理设施。

(3)深化强化工业企业达标排放管理。对沿湖、沿江等重点区域工业企业提出全面达标要求。重点建立实施和深化完善排污许可证制度,探索促进排污许可证制度与三同时、排污权交易、标准环保设施监管、排污口设置管理、限期治理等制度有机整合,健全减排长效机制。

(4)切实提高面源污染防治成效。通过面源污染治理腾出环境承载空间。通过关停、搬迁、治理、资源化利用等措施防治畜禽养殖污染;通过改善农业结构,建设滨水生态隔离带,推广测土配方施肥等措施综合防治农业面源污染;通过限定水产养殖区域,改进养殖技术和尾水自然生态处理等措施防治水产养殖污染。

3.2.3　国外排放标准体系对江苏省排放地标的指导意义

(1)增加排放标准中管控污染物种类

当前我国排放标准中管控污染物数量远少于发达国家。以挥发性有机物(VOCs)为例,我国固定源排放标准中管控的 VOCs 类物质远远少于发达国家。我国固定源排放标准中共 66 项 VOCs 类物质(包括沥青烟、油气等综合项目),美国气溶胶涂料行业共 173 项 VOCs 类物质,日本 VOCs 排放清单中共 348 项 VOCs 类物质。且我国控制措施较为单一,发达国家控制措施更加精细。我国工业源排放标准中,仅对设施排放口或厂界制定浓度排放限值;美国针对消费品及产品制定 PWR 或 VOCs 含量限值,针对其他行业或排放源除制定浓度排放限值外,还规定减排量、减排效率、操作标准等;欧盟除规定排放限值外,还制定低危害物质替代等措施,针对具有特定危害属性的污染物实行分级管控,不同危害类别和等级以不同排放限值管控,并鼓励采用减排方案达到排放限值。

2022年3月5日,第十三届全国人民代表大会第五次会议上《政府工作报告》提出:加强固体废物和新污染物治理,推行垃圾分类和减量化、资源化。

新污染物有四大类:一是持久性有机污染物,二是内分泌干扰物,三是抗生素,四是微塑料。新污染物具有生物毒性、环境持久性、生物累积性等特征,且现阶段尚未被有效监管。在后续的排放标准制定中,应逐渐加强对新污染物的排放指标限值要求。

(2)注重排放标准的针对性和可操作性

国外污染物排放标准的科学性、针对性和可行性是标准顺利实施的前提。以工业点源为例,各个类别、产品和工艺、不同污染物以及污染源规模对应着不同的控制技术,仅仅靠将具体行业水污染物排放标准或污水综合排放标准作为唯一限值依据,不仅排放标准技术、环境、经济统一的目的难以实现,同时没有考虑环境差异、工业点源差异的无差别化管理造成的排放标准执行的低效率。我省污染物排放标准制定的行业类别需按照生产工艺过程、设施类型、产品划分等因素进一步细化,对具体工业点源实现差别化管理,使其标准限值具有更强的针对性,对不同设施产生的不同污染物根据设备长期平均性能确定适当的定量限值。首先,根据不同工业行业、不同污染物采取符合排放统计规律和水质管理要求的多种尺度、不同表述形式的度量方式,从而选取最适合的污染物限制形式,例如小时峰值、日最大值、月均值、定性标准值等,并根据既定的限值形式确定对应的达标判据规定。其次,与排放标准匹配的监测方案仅提供监测技术规范是不够的,还应包括监测频率、监测时间、生产和污水处理设施非正常运行数据处理、达标判据、排污单位守法记录使用等规定,且监测方案没有先进、落后之分,采用什么样的监测方案取决于成本效益,取决于地方政府或企业的承受能力。

(3)明确排污许可证作为排放标准的实施手段

美国的工业点源水污染物控制标准通过健全的法律体系保障以及关键的NPDES许可证文件细化到每个工业点源。我国水污染物排放标准虽然应用于日常监管及环境影响评价、排污申报登记、排污许可证、限期治理等各项环境管理措施。但是,上述政策手段的实施过程中标准使用均没有具体实施细则和要求,标准使用混乱,且缺乏监管,执行效果差。

美国水污染物排放标准在制定和执行中,有着环环相扣的环节控制要求和科学齐全的配套政策措施,法律和执行规范明确,权责分明。借鉴发达国家水污染物排放标准体系及配套政策的先进管理经验,是完善我省水污染物排放标准体系的一条捷径。应运用已有的行政体制落实各级环保部门的职责,地方政府应在标准实施中充分发挥作用,完善监督制度;提高国民的环保意识,逐步实行全民参与环境保护,鼓励国民对政府和企业的行为进行监督。

3.3 生态环境管理标准体系发展现状与问题诊断

为规范各类生态环境保护管理工作的技术要求,制定生态环境管理技术规范,包括大气、水、海洋、土壤、固体废物、化学品、核与辐射安全、声与振动、自然生态、应对气候变化等领域的管理技术指南、导则、规程、规范等。现行国家生态环境管理技术规范共 686 项,主要分为环保产品技术要求、环境标志产品标准、污染源强核算技术指南、清洁生产标准、排污许可申请与核发技术规范、环境影响评价技术导则、建设项目竣工环境保护验收技术规范、生态环境保护技术规范与导则、环境保护工程技术规范、环境保护信息标准、污染防治技术政策、可行技术指南等。江苏省现行环境管理规范类标准主要分为建设规范(包括生态环境监控系统及环境监控物联网系统建设、监测数据信息传输规范)、技术规范(主要是各类废水的处理、监测、防控管理技术规范)、导则指南(包括各类技术指南、评估规范、管控规程等)。

从生态环境标准体系对国家和江苏省的政策法规及制度的支撑、标准体系在重点行业的管控力度、政策热点管理需求等方面入手,结合已有研究及地方调研,梳理国家标准体系下江苏省环境管理标准体系的发展现状,并进行问题诊断。

3.3.1 现行标准体系对国家新政策的支撑不足

现行生态环境标准体系对国家和江苏省在新阶段新发展需求的支撑略有不足。一方面,部分污染防治工程技术标准发布年份已久或覆盖范围不够,无法满足新技术的发展趋势和企业发展需求;另一方面,气候变化背景下,实现低碳发展、绿色发展需要相应的工程技术应用推进深度脱碳减排,配套管理规范、评估指南深入推进"碳中和"发展目标。江苏省生态环境管理规范标准体系仍处于快速发展阶段,在监管领域上有待扩大、在顶层设计上仍需加强总体布局、在政策热点方面仍需加快响应。

3.3.2 重点领域监管规范仍存缺失

现行生态环境管理规范与水、大气、土壤、固废等管理需求的契合度仍有待加强。水生态环境管理技术规范方面入河、入海排污口的设置、排查、监测、监督管理规范;流域水环境风险评估与管理技术规范;生物多样性保护相关规范;生态安全缓冲区建设规范;饮用水水源保护区管控规范标准体系仍有待完善。大气环境管理方面,臭氧污染防控、多污染物协同治理、减污降碳协同治理方面仍存在标准缺失。土壤方面,不同用地类型的风险防控规范、以健康风险为导向的风险管控规范亟须完善。国家固体废物、危险废物、化学品污染防治技术规范存在部分标准发布年份较早的问题,可能存在制修订需求。地方标准方面,在特征区域排查监管、飞灰风险防控、危险化学品委外转移处置等方面存在缺失。

3.3.3 地方生态环境标准实施保障体系亟须构建

地方环境标准主管部门在法律、制度、经费、人员队伍建设等方面未能形成应有的保障体系,对省内分散的技术力量也未进行整合,难以形成有效的技术支撑,导致对国内外环保标准发展趋势及省内标准需求分析研判不足,不利于地方环境标准最终实施效果。

3.3.4 生态环境标准制修订及评估机制有待完善

包含标准立项分析、制修订过程、编制质量管理、绩效评估方法、执行行为规范化管理等环节的全流程标准管理机制有待建立,主要体现在生态环境标准制修订及评估机制有待完善。地方标准的制修订主要取决于国家相关标准、现阶段当地的生产工艺技术和污染治理水平。近年来,随着污染技术水平的不断提高,国家环境标准不断提高,对于地方环境标准实施评估工作力度不断加大。此外,江苏省社会经济发展迅速,产业类型多样、生产规模不断扩大,工艺水平持续改进,地方标准逐渐跟不上经济发展,在缺乏常态化、制度化的标准审查及评估机制情况下,对现有标准的执行情况难以进行监管。若地方环境标准主管部门未能及时获得标准制修订的反馈信息,将无法预判标准制定方向,制修订速度将落后于环境监管需要,污染控制水平也将逐渐降低,标准工作推进十分被动。

3.3.5　标准宣传贯彻亟待加强

一方面,新发布标准和需求大、分类杂的重点领域的标准宣传贯彻工作有待进一步深入开展,另一方面,存在地方环境标准主管部门对地方标准的宣传贯彻、培训工作重视不足,对宣传贯彻培训工作应付了事,对标准内容的宣讲、解读不够充分,推广形式单一等问题,严重影响标准的实施效果和执行力度。未来需加快推进生态环境标准宣贯工作,深入开展标准的宣传、培训和解读活动。

4

江苏省生态环境标准体系发展需求分析与发展框架构建

4.1　生态环境标准体系发展框架的构建

为加强生态环境标准体系对地方生态环境管理工作的指导作用，开展生态环境标准体系框架构建研究，结合生态环境部门职责和管理需要，在国家基础上进一步明确标准类别和体系划分，构建更详细的地方生态环境标准体系。根据生态环境部制定的《生态环境标准管理办法》，生态环境标准分为生态环境质量标准、生态环境基础标准、生态环境风险管控标准、污染物排放标准、生态环境监测标准、生态环境管理技术规范六大类。地方生态环境标准体系框架及现行标准数量梳理见图 4-1：

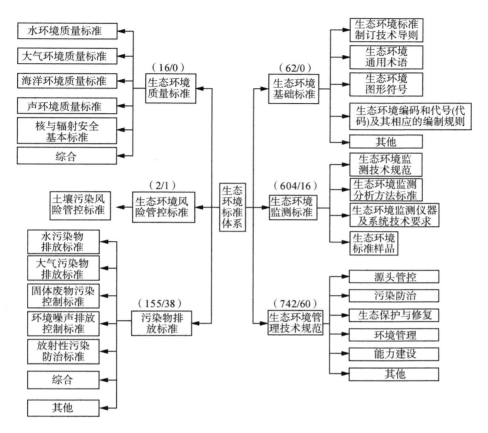

图 4-1 地方生态环境标准体系框架图

注:括号中数字代表(国家已发布标准个数/江苏已发布及在研标准个数)。

污染物排放标准与国家分类保持一致,针对水与大气等重点领域进一步细分。污染物排放标准包括:水污染物排放标准、大气污染物排放标准、固体废物污染控制标准、环境噪声排放控制标准、放射性污染防治标准。其中,水污染物排放标准根据污染源类型进一步分为:工业行业、畜禽养殖、污水处理厂或设施、污水综合及船舶排放标准等。大气污染物排放标准进一步分为:工业行业、餐饮油烟、扬尘管理、大气综合、特定工艺或污染物及移动源排放标准等。污染物排放标准框架及现行标准数量梳理见图 4-2:

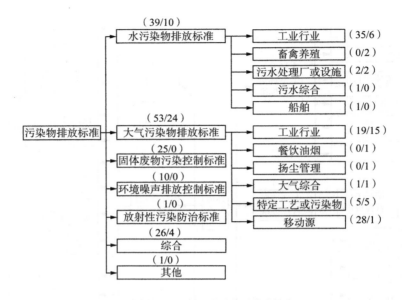

图4-2　污染物排放标准框架图
注:括号中数字代表(国家已发布标准个数/江苏已发布及在研标准个数)

生态环境管理技术规范根据生态环境管理职能与工作需要分为源头管控、污染防治、生态保护与修复、环境管理、能力建设。其中,源头管控分为:清洁生产、碳排放管理、生态承载力、生态空间监督管理。旨在促进源头治理,实现减污降碳协同增效,建立生态环境承载力约束机制,加强生态空间管控区域监管。

污染防治根据环境管理要素分为:水环境、大气环境、海洋环境、土壤和地下水、固废与化学品、噪声、核与辐射等。水环境污染防治根据管理领域分为:工业废水、农业面源、养殖业、城镇污水处理厂、农村环境、黑臭水体、生活污水、饮用水源地管理、船舶废水等。大气环境污染防治根据管理领域分为:工业废气、餐饮油烟、扬尘管理、恶臭及有毒有害气体治理、移动源等。旨在为不同领域提供污染防治技术规范,促进工业企业等污染源污染物达标排放。

生态保护与修复分为:生态修复技术、生物多样性保护。其中,生态修复技术标准旨在为生态系统的构建、修复、管理与评估提供技术与指南支撑。生物多样性保护标准主要包括生物调查、保护,以及外来入侵物种风险评估等生物安全管理规范。

环境管理分为：环境影响评价、排污许可、环境信用管理、环境执法、环境督察等。旨在为生态环境管理制度提供指南、规范指导，落实各项制度要求。

能力建设分为：监控能力、执法能力、风险防控等。旨在为我省信息化、执法能力、风险防控与应急等能力建设提供指引，加强系统监管和全过程监管，推进生态环境领域智慧化、信息化转型，提升生态环境治理效能。生态环境管理技术规范框架及现行标准数量梳理见图4-3：

生态环境风险管控标准、生态环境质量标准、生态环境基础标准、生态环境监测标准与国家标准类别和体系保持一致，不再进一步细分。其中，生态环境风险管控标准包括土壤污染风险管控标准。生态环境质量标准按环境要素分为：大气环境质量标准、水环境质量标准、海洋环境质量标准、声环境质量标准、核与辐射安全基本标准等。生态环境基础标准按领域分为：生态环境标准制订技术导则，生态环境通用术语、图形符号、编码和代号（代码）及其相应的编制规则等。生态环境监测标准按领域分为：生态环境监测技术规范、生态环境监测分析方法标准、生态环境监测仪器及系统技术要求、生态环境标准样品。

深入打好污染防治攻坚战等政策文件、碳达峰、碳中和等战略发展目标对生态环境管理工作做出新的指示，对生态环境标准体系也提出新的建设要求：

一是需将减污降碳协同增效作为主攻方向强化源头治理。"十四五"期间，我国生态文明建设进入以降碳为重点战略方向、推动减污降碳协同增效、促进经济社会发展全面绿色转型、实现生态环境质量改善由量变到质变的关键时期。须深化减污降碳，加强源头管控，扎实推进碳排放监测、碳排放数据核查、低碳化改造与协同增效治理，完善清洁生产审核机制、推动企业清洁化改造与绿色发展转型。碳监测、碳评价、低碳化改造标准，以及清洁生产审核、清洁生产评价等标准仍需完善。

二是深入打好污染防治攻坚战需将精准治污作为主要方针。进入新阶段，污染防治触及的矛盾层次更深、领域更广，要求也更高，需要针对薄弱环节，精准施策。进一步落实大气污染深度治理、农业面源及农村环境治理、固体废物无害化处置与资源化利用、核与辐射环境安全监管、生态系统保护修复、新污染物筛查与评估等重点任务，补充相关污染防治技术规范与管理运行评价标准。

三是生态环境管理需将环境健康以人为本作为根本理念。随着环境安

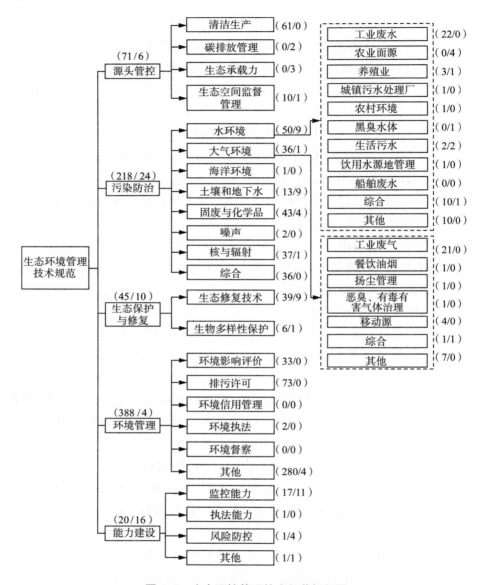

图 4-3 生态环境管理技术规范框架图

注:括号中数字代表(国家已发布标准个数/江苏已发布及在研标准个数)

全与健康风险问题逐渐凸显,生态系统健康与人体健康已成为生态环境治理与风险管控预警的重点。餐饮油烟、噪声污染、农药包装、农田排灌、废弃物处置等关乎公众环境健康与安全,仍需突出重点、加强整治,补充污染防治技术标准,规范管理运行。

四是提升生态环境治理能力需加快补齐短板。全面服务地方高质量发展,推动实现生态环境治理体系与治理能力现代化,仍需坚持机制体制改革创新,进一步补齐短板。推进非现场执法、提高重点领域执法规范化精准化水平,增强基层监测监察执法机构能力建设,强化监测监控系统建设与监测预警能力。执法监察、监控预警能力建设等标准仍需完善。

4.2　江苏省生态环境质量与监测标准体系制修订需求分析

4.2.1　生态环境质量标准体系制修订需求分析

环境质量标准和生态环境风险管控标准是以保护人体健康和生态环境为目的,基于环境风险判断,对环境中污染物(有害因素)浓度(量)所做出的限制性规定。它既是评价环境质量优劣的客观尺度,也是环境管理与污染控制的量化指标,在环境保护工作中处于统帅地位。为了适应我省经济发展和环境需求,有必要在确保国家标准、行业标准、地方标准等标准之间协调、统一的前提下,以国家环境标准为依托,以生态环境质量基准研究成果为依据,以准确反映我省生态环境质量特征为目标,结合我省经济社会发展、自然地理条件、环境承载力等实际情况,与经济社会发展和公众生态环境质量需求相适应,对于国家标准中有所欠缺的部分及没有明确提出的污染因子及其限定值,科学合理确定生态环境保护目标(图 4-4)。

(1)研究符合江苏省水环境特征的水质基准

水环境质量标准是在水生态风险评估的基础上通过水质基准技术开发得到,因此,在理论上,水环境质量标准的颁布实施相对于风险评估有一定的滞后性。目前我省化工、材料等行业发展较快,进入水环境中的化学品种类繁多,然而快速而科学合理地制定所有这些污染物的水环境质量标准很难做到,因此,需要在水污染特征识别的基础上,通过风险评估手段对高风险污染物进行识别,优先制定高风险污染物的水环境质量标准,并通过风险管理技术完善水环境标准管理体系。此外,水环境质量标准的修订同样依赖风险评估与水质基准技术,因此,建议以风险管理体系作为标准管理体系的补充和完善手段对水环境进行管理,使污染物管理覆盖更广泛,同时利用水质基准

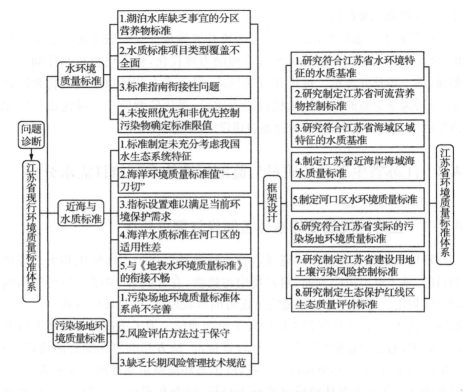

图 4-4 江苏省生态环境质量标准体系建设设想

技术不断推动水环境质量标准体系的完善。

（2）研究制定江苏省河流营养物控制标准

湖泊的富营养化实质上都是由于氮磷等营养盐含量过剩引发的。现有的治理措施未能从根本上遏制我国水体的富营养化问题发生，主要是因为没有从根本上降低氮磷等营养物质向水域生态系统中的输入。因此，制定相关控制标准，从根本上降低水体生态系统的营养物水平，能够很好缓解水体富营养化状况。目前我国的《地表水环境质量标准》（GB3838—2002）覆盖面太广，针对性不强，特别是存在相关标准指标衔接不好的情况（如河流与湖库磷标准不同），因此开展基于水体区域特征的营养物质基准和控制地方标准的制定研究就具有了十分重要的现实意义。制定营养物基准及其相应的控制标准被认为是控制富营养化的有效方法之一，国外针对湖泊营养物基准与控制标准的方法，已开展了大量的研究工作。因此，针对我省河流、湖库富营养化和饮用水源水质环境风险问题,结合我省主要流域区域水污染特征、水环境保护需求和国内外营养物控制基准相关研究,在分析主要湖库水质污染现状及入湖河流污染汇入对湖库水质污染影响的基础上,研究制定我省河流营养物控制标准是很有必要的。

(3)研究符合江苏省海域区域特征的水质基准

江苏省海岸线全长888.95 km,分布有70多条大大小小的入海河流,并且近年来随着江苏产业结构的不断调整,尤其是长江大保护以来,各类企业由沿江向沿海地区迁移,江苏近岸海域面临的污染压力进一步增加且呈现出不同的污染特征,因此迫切需要在江苏近岸海域开展海水水质基准研究和相关污染指标的毒理学研究,构建符合江苏近岸海域生态环境特征的水质基准体系,不仅应包含《海水水质标准》涉及的39种指标、33种污染物,同时还应考虑总磷、总氮、典型持久性有机污染物、环境内分泌干扰物和剧毒重金属等指标,为江苏制定适合海洋生态环境质量标准提供科学依据和准绳。

(4)制定江苏省近岸海域海水质量标准

近年来,随着江苏省沿海地区海洋开发利用活动的不断增加及沿海沿江产业结构的不断调整,江苏近岸海域的环境压力面临严峻挑战,主要受到氮和磷的影响。然而,目前评价我省近岸海域水环境质量主要应用的是全国统一的《海水水质标准》,此标准并没有充分考虑我省海洋生态系统和环境的区域特征,采用的是全国"一刀切"的方式,评价结果不能完全符合我省海洋生态环境特征。因此,有必要针对我省近岸海域水环境特征,结合近岸海域水环境管理需求以及江苏近岸海域相关水环境质量基准的研究,制定并发布我省近岸海域相关水环境质量标准,为科学评价我省近岸海域水环境质量、指导我省水环境保护政策提供科学依据,为控制我省近岸海域水环境污染,有效缓解近岸海域水生态问题提供技术支撑。标准中应包含《海水水质标准》涉及的39种指标、33种污染物,新增总磷、总氮、典型持久性有机污染物和剧毒重金属等指标限值。

(5)制定河口区水环境质量标准

江苏沿海地区入海河口众多,河口区是河水与海水交汇混合的区域,具有独特的环境和水质特征,目前主要运用《海水水质标准》对河口区的环境状况进行评价,但其适应性差,导致河口区长期处于"一片红"的状况,无法客观地反映河口区水环境质量的现状及变化趋势。因此,加强河口区水质基准研究,根据河口区污染特征及环境管理要求,制定河口区水环境质量标准,为科学评价河口区水环境质量状况提供依据,为加强河口区水环境管理及做好地表水与海水的有效衔接提供技术支撑。标准中应包含《海水水质标准》和《地表水水环境质量标准》所包含的所有污染指标及总磷、总氮,并充分考虑江苏近岸海域化工园区污染物排放特征,增加特征性污染指标,如典型持久性有机污染物和剧毒重金属。

(6)研究符合江苏省实际的污染场地环境质量标准

结合我国已有的土壤环境质量标准体系,首先要完善江苏省土壤环境质量背景值,在背景值的基础上建立污染场地质量标准;明确土壤污染物筛选值及修复目标值,以及相关标准中涉及的各项技术指标的计算方法,包括场地土壤污染暴露评估、毒性评估、风险表征等。此外,还应建立污染场地环境调查相关技术导则、指南;补充完善土壤环境评估技术规范;建立污染场地风险管控相关技术导则、指南,明确土壤污染危害临界值,配套完善的监测标准,完善土壤污染物进入控制标准;建立污染场地修复效果评估相关技术导则、指南,完善污染土壤修复标准。见表4-1。

表4-1 江苏省污染场地土壤相关标准体系

分类	标准体系组成	标准名称
污染场地土壤环境质量标准体系	背景值(本底值)系列	江苏省土壤环境背景值标准(待制定)
	土壤污染物筛选值	江苏省建设用地土壤污染风险筛选值和管制值(待制定)
	修复目标值	江苏省建设用地土壤修复目标值制定技术指南(待制定)
污染场地土壤相关配套标准体系	风险评估技术导则系列	江苏省建设用地土壤污染风险评估技术导则(待制定)
	风险管控标准体系	江苏省污染物排放标准系列标准(待完善)
		废弃物回收利用污染控制系列标准(待制定)
	土壤环境监测规范体系	江苏省土壤环境重点监管企业监督性监测技术规范(待制定)
	土壤修复效果技术导则系列	江苏省污染地块治理与修复工程环境监理技术指南(待制定)
		江苏省污染地块治理与修复效果评估技术指南(待制定)
		江苏省污染地块修复后土壤再利用技术指南(待制定)

（7）研究制定江苏省建设用地土壤污染风险管控标准

2018年6月22日，国家颁布《土壤环境质量 建设用地土壤污染风险管控标准（试行）》（GB 36600—2018），为我国地块土壤环境管理提供了重要依据。江苏省作为全国经济大省，土地开发强度大，其社会经济、城市定位、产业结构、公众需求等方面具有明显地方特色。因此有必要结合地区实际，打造江苏标准，制定本土化的建设用地土壤筛选值、管制值及修复目标值。建设用地类型多样，人类活动强度大，尤其工业企业用地，涉及各种化学品和生产加工过程中产生的污染物，污染源类型复杂，污染物种类繁多，且因污染场地而异。建议我省调查典型企业场地土壤污染物较《土壤环境质量 建设用地土壤污染风险管控标准》（GB 36600—2018）超标情况，再根据我省污染情况考虑制定未列入《土壤环境质量 建设用地土壤污染风险管控标准》（GB 36600—2018）中的污染物项目的土壤污染风险筛选值和管制值。江苏省于2017年底启动企业用地调查，通过两轮调查对象增补核实，确定调查企业（地块）数量16 621家，占全国总数的六分之一，调查任务量全国第一，信息采集质控任务量全国第一，预计在2020年底前完成企业用地土壤污染状况调查。

（8）研究制定生态保护红线区生态质量评价标准

生态红线作为维系国家和区域生态安全的底线，是支撑经济社会可持续发展的关键生态区域，保护重要自然生态空间的同时，也需要实现对经济社会可持续发展的生态支撑作用。生态红线必须保障国家和地方生态安全的基本空间要素，是构建生态安全格局的关键组分。生态红线的划定是从根本上预防和控制各种不合理的开发建设活动对生态功能的破坏，而仅仅通过常规手段进行环境监测，难以形成长期动态监测的目标，因此建议建立遥感监测为主、地面核查为辅的天空地一体化监测体系，更好地反映生态红线区域生态格局变化情况，为形成国家与区域生态安全和经济社会协调发展的空间格局、监管机制与体制提供数据支撑。在对全省生态红线区域开展遥感监测和调查的基础上，充分利用现有的评价结果，进一步加强生态系统管理，体现出生态、环境、社会和经济目标的综合与集成。江苏省环境质量基准、环境质量标准清单见表4-2。

表 4-2　江苏省环境质量基准、环境质量标准制修订需求

序号	质量标准名称
1	《江苏省水质基准》
2	《江苏省河流营养物水质基准》质量标准名称
3	《江苏省海域海水质基准》
4	《江苏省河流营养物水质标准》
5	《江苏省近岸海域海水水质标准》
6	《江苏省入海河口区水质标准》
7	《污染场地环境质量标准》
8	《江苏省建设用地土壤污染风险筛选值和管制值》
9	《江苏省建设用地土壤污染风险管控标准》
10	《江苏省生态保护红线区生态质量评价标准》

4.2.2　生态环境监测标准体系制修订需求分析

生态环境监测方法标准是指为监测环境质量状况和污染源排放情况，开展达标风险筛查与管控，规范布点采样、分析测试、监测仪器、卫星遥感影像质量、量值传递、质量控制、数据处理等监测技术要求等工作而制定的统一监测技术要求，是环境监测工作的重要依据，是保证环境质量标准和污染物排放标准有效实施的重要保障。生态环境监测类标准包括生态环境监测分析方法标准、生态环境监测技术规范、生态环境监测仪器及系统技术要求等(见图 4-5)。

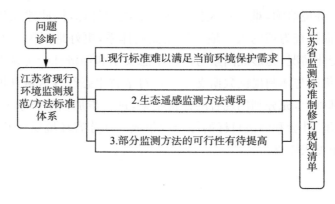

图 4-5　江苏省生态环境监测标准体系构建方法

与生态环境现状以及环境管理的发展需求相比,国家及江苏省地方生态环境标准体系中环境监测类标准、规范仍存在不少缺口有待补充完善。如针对生态环境监测、土壤环境监测、自动监测等方面,国家及地方的研究工作起步较晚,相关的技术规范相对较少;针对重点区域和行业的管理需求,缺少有关区域性、行业性监测技术规范,部分标准规范由于涉及的行业类别众多、环境要素各异,导致操作性不强;有关生态系统保护、人体健康保护等相关环境标准建设还不够完善等。

紧密结合我省环境保护管理需求和地方环保标准体系特点,支持国家和省级层面生态环境质量标准、生态环境风险管控标准、污染物排放标准的制定和实施,以及优先控制化学品环境管理、国际履约等生态环境管理及监督执法需求,加快研究制订生态环境监测规范与方法标准,力争使实验室、快速、在线监测方法互相补充。研究制定固定污染源挥发性有机物等大气监测技术规范,制定应急监测分析技术规范,研究颗粒物组分监测分析技术、挥发性有机物监测技术、低浓度污染物监测技术、便携快速检测技术、环境监测机构监测质量管理技术规范等(见表4-3)。

水环境监测方面,以我省水污染防治为重点,针对我省监测断面量大、点密、监测频次高、实验室分析自动化程度高的实际情况,加强地表水环境质量监测技术研究,统一规范全省地表水环境质量采样、监测分析方法,从而提升我省地表水监测数据的可比性;整合水环境监测规范,将环保系统与水利系统的水环境监测相关规范进行整合,上升为水环境监测规范;开展涉及抗生素、环境激素、持久性有机物等有毒有害污染物的采样、监测标准的研究,进一步提升水环境污染物的监测能力。

大气环境监测方面,以改善我省大气环境质量为重点,开展空气质量预报准确率评价技术研究,提高空气质量预报准确率;研制包括机动车、非道路移动机械等移动源遥感监测技术;进一步推进常规污染物及挥发性有机污染物的监测方法研究工作,研制 VOCs 组分监测方法、评价标准,使监测数据得到保障。

土壤监测方面,以土壤环境保护为重点,制修订土壤环境监测技术规范,开展土壤有机物、重金属及生物毒性等方面的现场快速监测技术研究,进一步研制场地及地下水相关采样、风险评估、管理类规范和相关标准。

生态监测方面,结合江苏省生态环境特点,加大遥感技术在环境监测领域的应用。加强生物监测、遥感监测方法标准研究,构建天地一体化的生态环境监测方法标准体系,使各类环境监测技术方法趋向标准化、规范化、智能化、自动化。

为全面落实高质量发展要求,打赢污染防治攻坚战,实现区域生态环境协同治理,发挥生态环境标准对环保执法监督、环境质量改善、污染物减排及环境风险防控等各项生态环境保护工作的支撑作用,加强我省生态环境标准体系建设,进一步明确标准体系发展总体目标、重要任务及保障措施,特制定2021—2025 年江苏省监测标准制修订规划清单(表 4-3)。

表 4-3　"十四五"监测标准制修订规划清单

序号	制订的标准、规范名称	所属类别	编制年份
1	水质 总磷 污染溯源监测指纹图谱识别技术方法	水环境质量监测	2022—2023
2	水质 30 种挥发性异味/恶臭物质的测定 吹扫捕集-气相色谱/质谱法		2022—2024
3	水中药品和个人护理用品监测技术规范		2022—2024
4	典型水体特征污染物溯源监测技术规范		2022—2023
5	固定污染源废气 氨的测定 便携式激光吸收光谱法	大气环境质量监测	2022
6	大气降尘中铜、锌、铅、镉、镍、铬、砷测定 电感耦合等离子体质谱法		2022—2023
7	环境空气降尘连续自动监测仪技术要求及检测方法		2022
8	环境空气质量网格化监测规范		2023—2024
9	空气和废气中酚类、氰化物化合物的测定 连续流动分析法		2023
10	土壤微塑料监测技术规范	土壤环境质量监测	2023—2024
11	近岸海域海水中盐度、溶解氧、pH、浊度、叶绿素、现场快速监测技术规范	海洋环境质量监测	2023—2024
12	海洋生物体 六六六、滴滴涕及多氯联苯的测定 气相色谱质谱法		2022—2024
13	温室气体宏观遥感监测技术方法	碳监测	2024
14	环境空气 温室气体(CO_2)连续自动监测技术规范		2022
15	紫菜养殖碳汇监测与核算技术规范		2022
16	农业面源污染监测技术指南	面源监测	2022
17	蓝藻水华人工智能快速监测技术规范	生态质量监测	2022
18	湖泊(水体)物理生境状况遥感监测与评价技术规范		2022

4.3 江苏省污染物排放标准体系制修订需求分析

根据我国污染物排放标准体系,其中大气环境主要分为固定源和移动源。按照国家要求,移动源应执行全国统一标准,无须制订地方标准,固定源的排放基本上是按照行业分别制定的。水污染物排放标准也主要按照行业制订,因此,地方污染物排放标准的需求应根据行业判定。根据《国民经济行业分类》(2017),对照国家标准制订情况和行业污染物排放特征,水污染物排放标准和大气污染物排放标准制修订需求如下。

4.3.1 水污染物排放标准制修订需求分析

基于环境统计数据,分析江苏各行业污染物排放量(COD 排放量),梳理国家、江苏省现行标准体系,结合污染强度与标准缺项分析,提出污染物排放标准制修订需求。首先筛选出污染物排放量在省内超过 2% 的行业,共 8 个行业(表 4-4)。

表 4-4　江苏省重点行业水污染物排放与标准现状分析

行业代码	行业名称	COD 排放量在全省占比(%)	废水直排量在本行业占比(%)	备注
17	纺织业	34.68	13.14	污染物主要分布在 171、175 两个中类行业
22	造纸和纸制品业	13.43	60.88	污染物主要分布在 222 中类行业
26	化学原料和化学制品制造业	11.45	31.84	已有地标:《化学工业水污染物排放标准》(DB 32/939—2020)
39	计算机、通信和其他电子设备制造业	9.96	15.26	污染物主要分布在 397、398 两个中类行业,国家已经发布《电子工业水污染物排放标准》(GB 39731—2020)
28	化学纤维制造业	4.20	67.84	污染物主要分布在 281、282 两个中类行业
13	农副食品加工业	3.65	20.86	污染物主要分布在 135、139 两个中类行业
38	电气机械和器材制造业	3.04	3.16	废水基本接入城市污水处理厂
27	医药制造业	2.62	19.26	已有地标:《生物制药行业水和大气污染物排放限值》(DB 32/3560—2019);《制药工业大气污染物排放标准》(DB 32/4042—2021)

化学原料和化学制品制造业,计算机、通信和其他电子设备制造业,医药

制造业 3 个行业均有最新发布的国家或地方行业排放标准,电气机械和器材制造业全省共 300 多家企业,废水基本接入城市污水处理厂,以上四个行业暂无水污染物排放标准制修订需求。对纺织业、造纸和纸制品业、化学纤维制造业、农副食品加工业进一步进行标准制修订需求分析见表 4-5。

表 4-5 重点行业水污染物排放标准制修订需求分析

行业代码	行业名称	污染物在行业大类中的占比(%)	废水直排量占比(%)	现行标准情况
17(大类)	纺织业			《纺织工业水污染物排放标准》(征求意见 2019)《纺织染整工业水污染物排放标准》(DB32/670—2004)
171	棉纺织及印染精加工	51.78	13.14	《纺织染整工业水污染物排放标准》(GB 4287—2012)
172	毛纺织及染整精加工	8.54	5.33	《毛纺工业水污染物排放标准》(GB 28937—2012)
173	麻纺织及染整精加工	0.47	27.00	《麻纺工业水污染物排放标准》(GB 28938—2012)
174	丝绢纺织及印染精加工	0.33	16.12	《缫丝工业水污染物排放标准》(GB 28936—2012)
175	化纤织造及印染精加工	36.59	14.64	《纺织染整工业水污染物排放标准》(GB 4287—2012)
176	针织或钩针编织物及其制品制造	1.33	11.64	—
177	家用纺织制成品制造	0.67	35.48	—
178	产业用纺织制成品制造	0.30	13.97	—
22(大类)	造纸和纸制品业			《制浆造纸工业水污染物排放标准》(GB 3544—2008)
221	纸浆制造	0.03	0.00	—
222	造纸	99.17	59.43	—
223	纸制品制造	0.79	85.53	—
13(大类)	农副食品加工业			《屠宰与肉类加工工业水污染物排放标准(征求意见稿)》
131	谷物磨制	3.46	61.52	—
132	饲料加工	0.76	1.42	—
133	植物油加工	14.57	44.80	—
134	制糖业	0.03	11.16	—

行业代码	行业名称	污染物在行业大类中的占比（%）	废水直排量占比（%）	现行标准情况
135	屠宰及肉类加工	36.91	9.97	《肉类加工工业水污染物排放标准》（GB 13457—92）
136	水产品加工	5.89	14.68	—
137	蔬菜、菌类、水果和坚果加工	13.54	53.21	—
139	其他农副食品加工	24.84	13.50	《淀粉工业水污染物排放标准》（GB 25461—2010）
28（大类）	化学纤维制造业	在执行标准：《合成树脂工业污染物排放标准》（GB 31572—2015）《石油炼制工业污染物排放标准》（GB 31570—2015）		
281	纤维素纤维原料及纤维制造	74.97	76.90	—
282	合成纤维制造	25.03	51.12	—

（1）纺织业

纺织业的污染物排放主要集中在"171 棉纺织及印染精加工""175 化纤织造及印染精加工"两个行业中类，我省污水直排企业执行《纺织染整工业水污染物排放标准》（GB 4287—2012），太湖地区纺织企业还需要执行我省地方标准《太湖地区城镇污水处理厂及重点工业行业主要水污染物排放限值》（DB 32/1072—2018）。为判断国标的适用性，将 GB 4287—2012 和 DB 32/1072—2018 的主要污染物排放限值进行对比分析（表 4-6）。

表 4-6 纺织业国标和地标主要污染物排放限值对比（单位：mg/L）

污染物 ＼ 标准	GB 4287—2012		DB 32/1072—2018				
	现有及新建企业	特别排放限值	一级、二级保护区内	太湖地区其他区域内的纺织工业			
				纺织染整工业	毛纺工业	缫丝工业	麻纺工业
化学需氧量	80	60	40	60	60	40	60
氨氮	10	8	3	5	5	5	5
总氮	15	12	10	12	15	10	10
总磷	0.5	0.5	0.3	0.5	0.5	0.5	0.5

DB 32/1072—2018 中对太湖地区的纺织企业执行的污染物排放限值，严于 GB 4287—2012 中对现有及新建企业的污染物排放限值，且部分污染物排放限值甚至严于 GB 4287—2012 中的特别排放限值，故初步判断我省纺织企

业在执行 GB 4287—2012 的基础上以 DB 32/1072—2018 作为补充,已经满足污染物控制需求,暂不需要制定地方行业排放标准。

（2）造纸和纸制品业

造纸业的污染物排放主要集中在"222 造纸"这一行业中类,我省污水直排企业执行《制浆造纸工业水污染物排放标准》（GB 3544—2008）,太湖地区造纸企业还需要执行我省地方标准《太湖地区城镇污水处理厂及重点工业行业主要水污染物排放限值》（DB 32/1072—2018）。为判断国标的适用性,将GB 4287—2012 和 DB 32/1072—2018 的主要污染物排放限值进行对比分析,DB 32/1072—2018 与 GB 3544—2008 中的特别排放限值相当。故初步判断我省造纸企业在执行 GB 3544—2008 的基础上以 DB 32/1072—2018 作为补充,已经满足污染物控制需求,暂不需要制定地方行业排放标准。

表 4-7　造纸业国标和地标主要污染物排放限值对比（单位：mg/L）

标准 污染物	GB 3544—2008						DB 32/1072—2018		
	制浆企业		制浆和造纸联合生产企业		造纸企业		制浆企业	制浆和造纸联合生产企业	造纸企业
	现有及新建企业	特别排放限值	现有及新建企业	特别排放限值	现有及新建企业	特别排放限值			
化学需氧量	100	80	90	60	80	50	80	60	50
氨氮	12	5	8	5	8	5	5	5	5
总氮	15	10	12	10	12	10	10	10	10
总磷	0.8	0.5	0.8	0.5	0.8	0.5	0.5	0.5	0.5

（3）农副食品加工业

农副食品加工业的污染物排放主要集中在"135 屠宰及肉类加工""139其他农副食品加工"两个行业中类,其中"139 其他农副食品加工"中的污染物排放有 80% 均来自"1391 淀粉及淀粉制品制造"。

我省屠宰及肉类加工污水直排企业执行《肉类加工工业水污染物排放标准》（GB 13457—92）,GB 13457—92 发布年份较早,排放限值宽松,且未对总氮、总磷进行规定（见表 4-8）。但原环境保护部办公厅 2017 年 11 月 8 日已发布了关于征求《屠宰与肉类加工工业水污染物排放标准（征求意见稿）》意见的函,且后续仍计划推进标准发布。故如无紧急需求,初步判断我省暂不需要制定屠宰及肉类加工工业的水污染物排放标准。

表 4-8 《肉类加工工业水污染物排放标准》排放限值(单位:mg/L)

标准 / 污染物	畜类屠宰加工			肉制品加工			禽类屠宰加工		
	一级	二级	三级	一级	二级	三级	一级	二级	三级
化学需氧量	80	120	500	80	120	500	70	100	500
氨氮	15	25	/	15	20	/	15	20	/

我省淀粉及淀粉制品制造污水直排企业执行《淀粉工业水污染物排放标准》(GB 25461—2010),太湖地区淀粉工业企业还需要执行我省地方标准《太湖地区城镇污水处理厂及重点工业行业主要水污染物排放限值》(DB 32/1072—2018)。为判断国标的适用性,将 GB 4287—2012 和 DB 32/1072—2018 的主要污染物排放限值进行对比分析(见表 4-9)。

表 4-9 淀粉行业国标和地标主要污染物排放限值对比(单位:mg/L)

标准 / 污染物	GB 25461—2010		DB 32/1072—2018	
	现有及新建企业	特别排放限值	太湖流域一、二级保护地区	太湖地区其他区域内食品工业
化学需氧量	100	50	40	60
氨氮	15	5	3	5
总氮	30	10	10	15
总磷	1	0.5	0.3	0.5

DB 32/1072—2018 中对太湖地区其他区域内食品工业的排放限值严于 GB 25461—2010 对现有及新建企业的排放限值,氨氮、总磷与 GB 25461—2010 特别排放限值相当,仅化学需氧量、总氮松于 GB 25461—2010 特别排放限值。故初步判断我省淀粉行业企业以 DB 32/1072—2018 作为补充,已经满足污染物控制需求,暂不需要制定地方行业排放标准。

(4)化学纤维制造业

根据排污许可平台显示,我省化学纤维制造业污水直排企业执行《合成树脂工业污染物排放标准》(GB 31572—2015)、《石油炼制工业污染物排放标准》(GB 31570—2015)(表 4-10)。国标基本满足污染物控制需求,暂不需要制定地方行业排放标准。

表 4-10 化学纤维制造业执行标准污染物排放限值（单位：mg/L）

标准 污染物	合成树脂 GB 31572—2015		石油炼制 GB 31570—2015	
	现有及新建企业	特别排放限值	现有及新建企业	特别排放限值
化学需氧量	60	50	60	50
氨氮	8	5	8	5
总氮	40	15	10	30
总磷	1	0.5	1	0.5

此外，根据我省近岸海域水环境状况较差，近海海域及主要入河监测断面水质较低的生态环境质量现状，且目前尚未有关于污染物排放入海国家标准发布，为加强海洋环境保护，加强海陆协同治理，初步判断我省可制定《近岸海域环境主要污染物排放入海标准》。

4.3.2 大气污染物排放标准制修订需求分析

基于环境统计数据，重点分析江苏省各行业 VOCs 污染物排放量，梳理国家、江苏省现行标准体系，结合污染强度与标准缺项分析，提出污染物排放标准制修订需求。首先筛选出大气污染物排放量在全省占比较大的重点行业，包括化学原料和化学制品制造业，医药制造业，计算机、通信和其他电子设备制造业，橡胶和塑料制品业，化学纤维制造业（表 4-11）。

表 4-11 江苏省重点行业大气污染物排放与标准现状分析（VOCs）

行业 代码	行业名称	VOCs 排放量 在全省占比（%）	备注
26	化学原料和 化学制品制 造业	30.35	已有标准： 《烧碱、聚氯乙烯工业污染物排放标准》（GB 15581—2016） 《农药制造工业大气污染物排放标准》（GB 39727—2020） 《化学工业挥发性有机物排放标准》（DB 32/3151—2016） 《大气污染物综合排放标准》（DB 32/4041—2021）
27	医药制造业	18.50	已有标准： 《生物制药行业水和大气污染物排放限值》（DB 32/3560—2019） 《制药工业大气污染物排放标准》（DB 32/4042—2021）
28	化学纤维制 造业	6.46	污染物主要分布在 281、282 两个中类行业
29	橡胶和塑料 制品业	8.56	污染物主要分布在 291、292 两个中类行业

行业代码	行业名称	VOCs排放量在全省占比（%）	备注
39	计算机、通信和其他电子设备制造业	8.77	污染物主要分布在398中类行业

化学原料和化学制品制造业、医药制造业2个行业均有最新发布的国家或地方行业排放标准，暂无大气污染物排放标准制修订需求。对化学纤维制造业、橡胶和塑料制品业、计算机、通信和其他电子设备制造业进一步进行标准制修订需求分析（表4-12）。

表4-12　重点行业大气污染物排放标准制修订需求分析（VOCs）

行业代码	行业名称	污染物在行业大类中占比（%）	现行标准情况
28（大类）	化学纤维制造业		在执行标准：《恶臭污染物排放标准》（GB 14554—93）《合成树脂工业污染物排放标准》（GB 31572—2015）《大气污染物综合排放标准》（DB 32/4041—2021）
281	纤维素纤维原料及纤维制造	49.15	—
282	合成纤维制造	50.31	—
29（大类）	橡胶和塑料制品业		在执行标准：《恶臭污染物排放标准》（GB 14554—93）《合成树脂工业污染物排放标准》（GB 31572—2015）《大气污染物综合排放标准》（DB 32/4041—2021）
291	橡胶制品业	35.32	《橡胶制品工业污染物排放标准》（GB 27632—2011）
292	塑料制品业	64.68	
39（大类）	计算机、通信和其他电子设备制造业		2018年国家发布四项征求意见稿：《电子工业大气污染物排放标准 电子终端产品》《电子工业污染物排放标准 平板显示器、电真空及光电子器件》《电子工业污染物排放标准 半导体器件》《电子工业污染物排放标准 电子元件》
391	计算机制造	2.36	
397	电子器件制造	5.98	
398	电子元件及电子专用材料制造	89.62	

（1）化学纤维制造业、橡胶和塑料制造业

根据排污许可平台显示，我省新发证企业已执行《大气污染物综合排放标准》（DB 32/4041—2021），化学纤维制造业、橡胶和塑料制造业大多实行《合成树脂工业污染物排放标准》（GB 31572—2015）、《恶臭污染物排放标准》（GB 14554—93）。对比分析，DB 32/4041—2021 排放限制更为严格，但纤维制造产生的硫化氢、氨、二硫化碳，轮胎制造产生的臭气、恶臭特征污染物未被收录在 DB 32/4041—2021 中，且 GB 14554—93 发布年份过早，故初步判断化学纤维制造业、橡胶和塑料制造业大气污染物排放标准有制修订的需求，可制定《化学纤维工业大气污染物排放标准》《橡胶制品工业大气污染物排放标准》。

（2）计算机、通信和其他电子设备制造业

计算机、通信和其他电子设备制造业的污染物排放近 90% 来源于"398 电子元件及电子专用材料制造"这一行业中类，我省企业执行《大气污染物综合排放标准》（DB 32/4041—2021）、《电镀污染物排放标准》（GB 21900—2008），原环境保护部办公厅 2008 年 6 月 13 日对《电子工业污染物排放标准 电子元件》征求意见，但标准正式稿一直未发布，故初步判断我省可制定《电子工业大气污染物排放标准》。

对 VOCs 排放数据分析时发现，环境统计数据国民经济分类中 3120（炼钢）、3110（炼铁）、4417（生物质发电，NO_x 分析中也为重点行业）、4411（火力发电）等行业 VOCs 产生量与排放量数据相当；3731（金属船舶制造）、3735（船舶改装）等行业 VOCs 产生量虽然较排放量有所减少，但仍然占全省 VOCs 排放量较大比例。国家虽已发布的相关标准有《火电厂大气污染物排放标准》（GB 13223—2011）、《炼铁工业大气污染物排放标准》（GB 28663—2012），但 VOCs 并非这些行业中的主要污染物。我省可考虑在 VOCs 排放量较大的非主要污染物行业补充相关标准。其中，生物质发电行业中的"燃煤耦合生物质发电"为《产业结构调整指导目录（2019 年本）》中的新增项目，目前尚未有相关国家和地方标准，我省可根据省内行业发展状况制定《燃煤耦合生物质发电厂大气污染物排放标准》以及《船舶工业大气污染物排放标准》。

此外，在对 VOCs 排放数据分析的基础上，通过对江苏省空气质量影响较大的氮氧化物进行补充分析，筛选出废气排放量、氮氧化物排放量较多的行业，并进行分析（表 4-13），发现除造纸及玻璃制品制造工业外，筛选出的工业都有相关大气污染排放标准。鉴于相关国标发布时间均在 2012 年左右,发布时间较早,我省可对筛选出的行业,针对性的制定适应于本地区的地方大气排放标准。

表 4-13 重点行业大气污染物排放标准制修订需求分析(NO_x)

行业代码	行业名称	现行标准情况
22(大类)	造纸和纸制品业	—
222	造纸	—
2221	机制纸及纸板制造	—
30(大类)	非金属矿物制品业	—
301	水泥、石灰和石膏制造	—
3011	水泥制造	《水泥工业大气污染物排放标准》(GB 4915—2013)
304	玻璃制造	—
3041	平板玻璃制造	《平板玻璃工业大气污染物排放标准》(GB 26453—2011)
305	玻璃制品制造	—
3054	日用玻璃制品制造	—
31(大类)	黑色金属冶炼和压延加工业	—
3110	炼铁	《炼铁工业大气污染物排放标准》(GB 28663—2012)
3120	炼钢	《炼钢工业大气污染物排放标准》(GB 28664—2012) 《工业炉窑大气污染物排放标准》(DB 32/3728—2020)
3130	钢压延加工	《轧钢工业大气污染物排放标准》(GB 28665—2012)
44(大类)	电力、热力生产和供应业	—
441	电力生产	《火电厂大气污染物排放标准》(GB 13223—2011) 《燃煤电厂大气污染物排放标准》(DB 32/4148—2021)
4411	火力发电	—
4412	热电联产	—
4417	生物质能发电	—
4419	其他电力生产	—

根据现行国家和江苏省地方标准发展现状以及对江苏省大气污染物排放数据综合分析,结合产业管理、生态环境质量达标等目标,我省需要制修订的相关大气污染物排放标准建议如表 4-14 所示。

表 4-14 江苏省大气污染物排放标准制修订建议表

序号	标准名称
1	化学纤维工业大气污染物排放标准
2	橡胶制品工业大气污染物排放标准
3	电子工业大气污染物排放标准
4	平板玻璃工业大气污染物排放标准
5	船舶工业大气污染物排放标准
6	燃煤耦合生物质发电厂大气污染物排放标准
7	造纸工业大气污染物排放标准
8	玻璃制品制造工业大气污染物排放标准

4.4 江苏省环境管理标准体系制修订需求分析

结合"十四五"期间我省生态环境保护重点工作任务,生态环境管理标准的重点领域包括清洁生产、碳排放管理、水、大气、固废、核与辐射、生态、执法监察能力建设等方面。

4.4.1 清洁生产标准体系制修订需求分析

根据国家清洁生产审核方案部署和我省清洁生产审核工作安排,要求探索园区整体审核、差别化审核,创新审核管理模式。目前国家、相关省份均未出台相关标准,为增强清洁生产审核规范性、引领性,提高审核成效,制定园区整体清洁生产审核、差别化清洁生产审核技术指南。

随着节能减排、减污降碳工作的推进,生态环境标准要求不断提高,国家已发布 60 余项清洁生产评价指标,基本覆盖了清洁生产审核重点行业(表 4-15)。对比发现,钢铁行业水污染物排放标准中 COD 特别排放限值为 30 mg/L,单位产品基准排水量为 1.2 m³/t 钢(以粗钢计),换算得到 COD 排放量为 0.036 kg/t 钢。钢铁联合企业清洁生产 COD 排放量 I 级基准值为 0.06 kg/t 钢,约为排放标准的 1.7 倍。即钢铁联合企业清洁生产 I 级基准值落后于钢铁行业水污染物排放标准中的特别排放限值,可进一步研究制定我省钢铁等行业清洁生产评价指标体系。

表 4-15 部分行业清洁生产指标体系要求

标准名称	产品或工艺	污染物指标类别	一级	二级	三级
钢铁行业清洁生产评价指标体系（2014 年 4 月 1 日施行）	钢铁联合企业（2014）	颗粒物排放量（kg/t 钢）	≤0.6	≤0.8	≤1.0
		COD 排放量（kg/t 钢）	≤0.06	≤0.08	≤0.10
		氨氮排放量（kg/t 钢）	≤0.006	≤0.010	≤0.013
		SO_2 排放量（kg/t）	≤0.8	≤1.2	≤1.6
		NO_x（以 NO_2 计）排放量（kg/t 钢）	≤0.9	≤1.2	≤1.8
钢铁行业（高炉炼铁）清洁生产评价指标体系（2018 年 12 月 29 日实施）	高炉炼铁	SO_2 排放量（kg/t）	≤0.06	≤0.10	≤0.12
		颗粒物排放量（kg/t 钢）	≤0.10	≤0.20	≤0.30
		NO_x（以 NO_2 计）排放量（kg/t 钢）	≤0.20	≤0.30	≤0.38
钢铁行业（钢延压加工）清洁生产评价指标体系（2018 年 12 月 29 日实施）	热压延工序	颗粒物排放量（kg/t）	≤0.019	≤0.025	≤0.050
		COD 排放量（kg/t）	≤0.006	≤0.015	≤0.020
		SO_2 排放量（kg/t）	≤0.02	≤0.05	≤0.07
		NO_x 排放量（kg/t）	≤0.10	≤0.15	≤0.17
	冷压延工序含热镀锌	NO_x 排放量（kg/t）	≤0.12	≤0.14	≤0.16
		颗粒物排放量（kg/t）	≤0.019	≤0.022	≤0.025
		COD 排放量（kg/t）	≤0.027	≤0.077	≤0.091
		氨氮单位产品排放量，kg/t	≤0.004 5	≤0.005 5	≤0.006 5
钢铁行业（铁合金）清洁生产评价指标体系（2018 年 12 月 29 日实施）	硅铁产品	单位产品颗粒物排放量＊，kg/t	≤3.5	≤3.5	4.0
		单位产品化学需氧量排放量，kg/t	≤0.12	≤0.12	≤0.30
		单位产品氨氮排放量，kg/t	≤0.02	≤0.02	≤0.03
	电炉高碳锰铁产品（少熔剂法或无熔剂法）	单位产品颗粒物排放量＊，kg/t	≤0.15	≤0.15	全封闭式≤0.20,半封闭式≤2.0
		单位产品化学需氧量排放量，kg/t	≤0.12	≤0.12	≤0.30
		单位产品氨氮排放量，kg/t	≤0.02	≤0.02	≤0.03
	锰硅合金产品	单位产品颗粒物排放量＊，kg/t	≤0.15	≤0.15	全封闭式≤0.20,半封闭式≤2.0
		单位产品化学需氧量排放量，kg/t	≤0.12	≤0.12	≤0.30
		单位产品氨氮排放量，kg/t	≤0.02	≤0.02	≤0.03

(续表)

标准名称	产品或工艺	污染物指标类别	一级	二级	三级
钢铁行业(铁合金)清洁生产评价指标体系(2018年12月29日实施)	电硅热法中低碳锰铁产品	单位产品颗粒物排放量 * ,kg/t	≤1.8	≤1.8	≤2.0
		单位产品化学需氧量排放量,kg/t	≤0.12	≤0.12	≤0.30
		单位产品氨氮排放量,kg/t	≤0.02	≤0.02	≤0.03
	高碳铬铁产品	单位产品颗粒物排放量 * ,kg/t	≤0.10	≤0.10	全封闭炉≤0.15,半封闭炉≤1.5
		单位产品化学需氧量排放量,kg/t	≤0.12	≤0.12	≤0.30
		单位产品氨氮排放量,kg/t	≤0.02	≤0.02	≤0.03
	电硅热法低微碳铬铁产品	单位产品颗粒物排放量 * ,kg/t	≤1.8	≤1.8	≤2.0
		单位产品化学需氧量排放量,kg/t	≤0.12	≤0.12	≤0.30
		单位产品氨氮排放量,kg/t	≤0.02	≤0.02	≤0.03
钢铁行业(烧结、球团)清洁生产评价指标体系(2018年12月29日实施)	烧结工序	颗粒物排放量(kg/t)	≤0.05	≤0.09	≤0.22
		SO_2排放量(kg/t)	≤0.10	≤0.14	≤0.57
		NO_x(以NO_2计)排放量(kg/t)	≤0.14	≤0.28	≤0.85
	球团工序	颗粒物排放量(kg/t)	≤0.04	≤0.08	≤0.20
		SO_2排放量(kg/t)	≤0.09	≤0.13	≤0.50
		NO_x(以NO_2计)排放量(kg/t)	≤0.12	≤0.25	≤0.74
钢铁行业(炼钢)清洁生产评价指标体系(2018年12月29日实施)	电炉炼钢	颗粒物排放量(kg/t)	≤0.09	≤0.10	≤0.12
	转炉炼钢	颗粒物排放量(kg/t)	≤0.10	≤0.11	≤0.13
印染行业清洁生产评价指标体系(征求意见稿)2019.7	机织染整——棉织物(kg/hm)	COD排放量	≤1.2	≤1.36	≤1.53
	机织染整——化纤织物(kg/hm)		≤0.94	≤1.2	≤1.36
	机织染整——混纺织物(kg/hm)		≤1.62	≤1.98	≤2.25
	针织染整——棉(kg/t)		≤36.3	≤41.25	≤43.45
	针织染整——化纤(kg/t)		≤29.15	≤34.1	≤38.72

（续表）

标准名称	产品或工艺	污染物指标类别	一级	二级	三级
印染行业清洁生产评价指标体系（征求意见稿）2019.7	针织染整——多纤维混纺（kg/t）	COD 排放量	≤47.4	≤52.8	≤58.8
	毛织物——散纤维（kg/t）		≤51	≤61.2	≤66
	毛织物——毛纱（kg/t）		≤51	≤61.2	≤66
	毛织物——精梳毛织物（kg/hm）		≤10.4	≤12	≤13.6
	丝织物染整（kg/hm）		≤2.4	≤3	≤3.24
	纱线染色——浸染棉（mg/hm）		≤36.3	≤41.25	≤43.45
	纱线染色——浸染化纤（mg/hm）		≤29.15	≤34.1	≤38.72
	纱线染色——浆染片染（kg/hm）		≤0.62	≤0.72	≤0.88
	纱线染色——浆染束染色（kg/hm）		≤0.44	≤0.61	≤0.68
	染料印花（kg/hm）		≤0.61	≤0.81	≤1.02
	印花布——涂料印花（kg/hm）		≤0.27	≤0.43	≤0.54
水泥行业清洁生产评价指标体系（2014年4月1日施行）	水泥企业	二氧化硫产生量（kg/t）	≤0.15	≤0.3	≤0.6
		NO_x（以 NO_2 计）产生量（kg/t）	≤1.8	≤2.4	≤2.4
电力行业（燃煤发电企业）清洁生产评价指标体系（2015年4月24日施行）	燃煤发电企业	单位发电量 SO_2 排放量[g/(kW·h)]	≤0.15	≤0.22	≤0.43
		单位发电量 NO_x 排放量[g/(kW·h)]	≤0.22	≤0.43	≤0.43

(续表)

标准名称	产品或工艺	污染物指标类别	一级	二级	三级
制浆造纸行业清洁生产评价指标体系(2015年4月24日施行)	新闻纸	单位产品 COD 排放量(kg/t)	≤11	≤15	≤18
	印刷书写纸		≤10	≤15	≤18
	生活用纸		≤10	≤15	≤22
	纸板		≤11	≤15	≤22
	涂布纸		≤11	≤16	≤19
清洁生产标准纺织业(棉印染)(HJT185—2006)	机织印染产品(kg/hm)	单位产品 COD 排放量	≤1.4	≤2.0	≤2.5
	针织印染产品(kg/t)		≤50	≤75	≤100

4.4.2　碳排放管理标准体系制修订需求分析

在全球气候变化背景下,我国提出"力争 2030 年前实现碳达峰,2060 年前实现碳中和"的发展目标,江苏省积极响应国家应对气候变化的发展目标,提出要"努力在全国达峰之前率先达峰"。在大气污染防治与温室气体排放控制的双重压力下,碳达峰、碳中和发展目标对生态环境治理体系和治理能力现代化建设提出更高要求,加强碳排放管理标准体系建设,对于规范碳排放管理工作意义重大。为全面贯彻碳达峰、碳中和各项决策部署,贯彻新发展理念,推进减污降碳协同增效,结合国家与江苏省重大发展战略导向,着眼碳排放管理工作的发力点,构建碳排放管理标准体系建设框架(图 4-6)。根据国家生态环境标准体系分类方式,兼顾碳减排重点领域、管理主体、监管环节的特点,制定包括生态环境基础标准、监测标准、风险管控、排放标准、管理规范的碳排放管理标准体系。标准体系覆盖工业、建筑、交通、能源、碳汇等重点领域,涵盖基础术语定义、监测方法规范、碳排放限额、规划制定、目标考核、数据统计核查与报告、先进技术规范、评价标准、建设指南、监督管理规范等重点工作环节。

工业行业作为主要的碳排放源面临温室气体减排的压力,目前国家已对合成氨、炼油、乙烯、城市轨道交通等 10 余项单位产品碳排放限额标准征求意见。钢铁等高耗能行业仍缺少温室气体排放标准作为管控抓手,可制定钢铁等重点行业单位产品温室气体排放标准,降低单位产品的碳排放强度,推动产业改造升级。

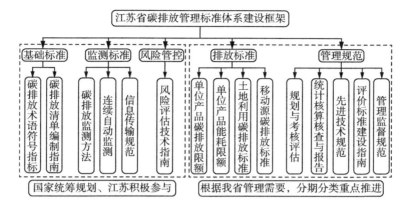

图 4-6 江苏省碳排放管理标准体系建设框架

工业园区是工业碳排放的集中区,是实现碳减排的重要对象。针对我省工业园区数量多、种类广、发展阶段各异,碳排放底数不清、减排路径不明的情况,需通过编制工业园区碳达峰方案、推动工业企业低碳化改造、提高碳排放统计数据质量等手段,加强工业园区碳排放管理。但目前缺少相关标准指导工作规范化开展,仍需补充工业园区碳达峰方案编制技术指南、低碳化改造技术指南、排放核算技术规范等标准。碳排放管理标准制修订建议见表4-16。

表 4-16 碳排放管理标准制修订建议表

序号	标准类型	监管要素	标准名称
1	排放标准	碳	重点行业单位产品温室气体排放标准
2	管理规范	碳	工业园区污水处理厂低碳运行评价技术规范
3	管理规范	碳	城镇污水处理厂节能降耗运行技术规范
4	管理规范	碳	重点行业、企业低碳化改造技术指南
5	管理规范	碳	大型活动碳中和实施指南
6	管理规范	碳	危废处置过程温室气体减排技术指南

污水处理厂及固体废物处置设施具有显著的协同减排潜力。据统计,2020 年污水处理和固体废弃物焚烧两项治理措施产生的二氧化碳排放总量就超过 0.1 亿吨,占全省碳排放总量的 1.5%,通过制定污水处理厂节能降耗与低碳运行评价标准,可促进污水处理厂与固废处置设施节能、降耗、低碳化运行,推动减污降碳协同增效。

大型活动由于参与人数多,社会影响大,温室气体排放量大,是倡导实施低碳理念的理想对象。同时,通过大型活动碳中和的示范,有利于公众树立绿色低碳的价值观和消费观,弘扬以低碳为荣的社会新风尚。国家发布了《大型活动碳中和实施指南(试行)》,福建省也发布了《福建省大型活动和公务会议碳中和实施方案(试行)》,我省可结合实际情况,进一步创新激励机制,制定大型活动碳中和实施指南。

4.4.3 水生态环境管理技术规范制修订需求分析

除环保产品技术要求、建设项目竣工环境保护验收技术规范、排污许可证申请与核发技术规范、清洁生产标准、污染源源强核算技术指南外,国家环境管理标准有 59 项和水生态环境管理相关。主要包括水质、水污染物排放标准制订技术导则,功能区划分、监督管理、评估等环境管理规范,21 项重点行业废水治理工程技术规范,12 项污水处理方法的工程技术规范,及医院、人工湿地、反应器等污水处理工程技术规范。

江苏省已发布 5 项和医疗废水处置、农村污水治理、废水自动监测相关的标准,另有 11 项水生态环境管理技术规范在研,包括地表水质量监测、农村黑臭水体治理、海洋环境监测、畜禽养殖业污染控制等方面,可见我省已基本构建了较为完善的水环境管理技术规范标准体系。

根据江苏省生态环境厅重点工作任务安排,以及《江苏省"十四五"生态环境基础设施建设规划》等发展规划,农村生活污水存在治理率低、治理成效不稳定等问题,为充分发挥生活污水治理设施建设成效,需要明确设施运维责任主体、开展水质监测、加强监控预警、创新管理模式。通过制定农村生活污水处理设施运维管理指南,健全设施运行管护机制,提高基础设施建设成效,确保建成一个、运行一个、达效一个。

4.4.4 大气生态环境管理技术规范制修订需求分析

除环保产品技术要求、建设项目竣工环境保护验收技术规范、排污许可证申请与核发技术规范、清洁生产标准、污染源源强核算技术指南外,国家环境管理标准有 42 项和大气生态环境管理相关。主要包括大气污染治理工程技术导则,大气污染物排放标准制订技术导则,机动车等移动源污染防治技术政策,重点方法与重点行业的工程技术规范,脱硫、脱硝、除尘工程技术规范等。江苏省已发布的大气环境管理相关的标准大多为排放标准,管理技术规范较少,在研标准有 3 项,分别是《空气质量预报准确率评价技术规范》《实验室废气污染控制技术规范》《生活垃圾焚烧发电厂烟气排放过程(工况)自动监控技术指南》。有待补充与排放标准相对应的先进技术规范,为企业实现达标排放提供技术支撑。

江苏省餐饮业发达,餐饮企业数量众多,环境问题突出,餐饮源对江苏省人为源 VOCs 贡献率约为 3.19%,对环境质量影响较大。由于公共烟道、油烟治理设备等缺乏具体标准和技术规范,导致产品质量参差不齐、设施建设不规范。考虑到对居民居住环境的影响,亟须建立针对餐饮油烟净化的烟道设计、油烟净化技术、净化系统运维、污染物在线监控等全过程的餐饮油烟净化系统全过程技术规范。

4.4.5 土壤和地下水生态环境管理技术规范制修订需求分析

国家发布了建设用地土壤污染状况调查、修复、风险评估技术导则,以及污染地块风险管控和修复效果评估技术导则。我省"十三五"时期高度重视土壤环境保护,从土壤环境状况调查、监督性监测、风险管控、治理修复技术、效果评估、后期监管等方面,构建了全流程的土壤环境保护标准体系,还针对太湖沿湖地区集约化稻田和菜地开展清洁生产技术规范研究,目前标准已发布 2 项,在研 11 项。可见我省土壤环境保护标准已较为完善,未来可根据国家对新污染物的管控要求,开展土壤微塑料管控等标准研究,以及根据不同用地类型开展风险管控与污染防治技术研究,加强健康风险管控。

4.4.6 危险废物生态环境管理技术规范制修订需求分析

近年来,随着经济的不断发展,江苏省危险废物产生企业数及危险废物产生量呈现逐年增加态势,自 2013 年以来,江苏省高度重视危险废物焚烧、填埋配套基础设施能力建设,在一定程度上改善了危险废物处置供需不平衡的矛盾。但部分地区存在处置设施建设相对落后、处置设施运行效率较低、处置能力发展不平衡不充分等问题,亟需相应的管理与技术规范为危险废物综合处置及资源化利用提供支撑。

国家发布的《危险废物集中焚烧处置工程建设技术规范》(HJ/T 176—2005)、《危险废物集中焚烧处置设施运行监督管理技术规范(试行)》(HJ 515—2009)、《危险废物安全填埋处置工程建设技术要求》(环发〔2004〕75

号)、《生活垃圾焚烧飞灰污染控制技术规范(试行)》(HJ 1134—2020)和《水泥窑协同处置固体废物环境保护技术规范》(HJ 662—2013)等技术规范为危险废物的焚烧和填埋处置提供管理依据。此外,江苏已发布《废线路板综合利用污染控制技术规范》,《危险废物综合利用与处置技术规范通则》《含铜蚀刻废液综合利用污染控制技术规范》《化工废盐无害化处理技术规范》《废无机酸综合利用污染控制技术规范》等危险废物综合利用技术规范在研,未来将为危险废物监管提供重要依据。

从加强固体废物与危险废物分类管控,提高资源化利用效率的角度出发,根据国家无废城市建设要求与管理工作需要,仍需制定自建焚烧设施运行环境管理规范、水泥窑协同处置危险废物环境管理规范,优化处置能力,提高运行效率。制定固体废物填埋场环境安全性能评估导则,提升填埋场污染防控能力。制定危险废物利用处置单位运行情况评估规范,提升固废处理设施管理水平,细化经营单位绩效评估管理要求。制定先进技术规范与综合利用产品规范,拓展可利用危险废物的资源化途径,加强有机废弃物、废有机溶剂、重金属污泥、农药包装等固体废物与危险废物的综合利用及无害化处置。此外,为加强危险废物行业管理、提高规范化水平,需制定相关行业的管理要求(表4-17)。

表 4-17　危险废物生态环境管理技术规范制修订需求分析

序号	标准类型	监管要素	技术规范名称
1	管理规范	固废	固体废物填埋场环境安全性能评估导则
2	管理规范	固废	自建焚烧设施运行环境管理规范
3	管理规范	固废	水泥窑协同处置危险废物环境管理规范
4	管理规范	固废	危险废物利用处置单位运行情况评估规范
5	管理规范	固废	蓝藻基有机废弃物制有机肥污染控制技术规范
6	管理规范	固废	固体废物处置行业全过程碳排放核算技术规范
7	管理规范	固废	重金属污泥综合利用污染控制技术规范
8	管理规范	固废	农药包装废弃物综合利用污染控制技术规范
9	管理规范	固废	废活性炭综合利用污染控制技术规范
10	管理规范	固废	废有机溶剂综合利用污染控制技术规范
11	管理规范	固废	废包装桶综合利用污染控制技术规范
12	管理规范	固废	危险废物"点对点"定向利用管理要求

序号	标准类型	监管要素	技术规范名称
13	管理规范	固废	工业园区重点管控新污染物筛查技术导则
14	管理规范	固废	一般工业污泥环境管理与处理处置技术指南
15	管理规范	固废	报废光伏组件再生利用污染控制技术规范
16	管理规范	固废	危险废物集中焚烧处置行业环境管理要求

4.4.7 核与辐射安全管理技术规范制修订需求分析

针对较易发生辐射事故的工业射线探伤类核技术利用单位,制定工业射线探伤类核技术利用单位辐射安全管理标准化建设指南,从辐射安全管理体系、辐射安全管理制度、防护设施设备与现场管理要求、应急与事故管理等方面,评估企业的安全管理水平,为监管部门开展风险导向的差异化监管提供支撑。

4.4.8 生态系统健康与生物多样性保护标准制修订需求分析

国家发布了多种生物多样性观测技术导则、生物遗传资源等级划分、评估技术导则及区域生物多样性评价标准、外来物种环境风险评估技术导则。江苏省已发布6项生态环境改善、生态环境质量评估标准,有6项生态环境治理、风险评估、承载力评价标准在研,已基本构建了较为完善的生态环境标准体系。未来可继续加强生物多样性保护、预防外来物种入侵。

考虑到近年来生物多样性保护工作重点,优先制定生物多样性观测站点建设技术规范,开展生物多样性水平和变化趋势分析,构建多层级生物多样性观测网络,为生物多样性周期性观测制度提供技术支撑。

4.4.9 执法监察能力建设标准制修订需求分析

针对基层生态环境执法不到位、不及时、不规范问题,加强对现场执法、非现场执法、信访调处等工作的管理,制定相应技术规范。开展基于固体废物属性判定的生态环境调查取证与智能化执法路径研究,制定固体废物环境污染生态环境执法指南。总结重点行业执法要点,制定钢铁等重点行业的执法指南。结合遥感、无人机巡查、大数据分析等手段,推广完善非现场监管制度,制定生态环境非现场执法技术指南。

5

完善地方环境标准组织实施的政策建议

为加强我省生态环境标准管理规范化建设工作,提升标准组织实施管理能力与服务水平,保障生态环境标准发展规划全面有效落实,应开展管理机制研究,加强生态环境标准制修订流程管理,明确职责分工,制定工作目标并分解落实重点工作任务,加强保障与落实。从管理机制研究、重点任务建设、保障机制等方面提出生态环境标准组织实施的建议。

5.1 加强管理机制研究

明确制修订工作程序和职责,将生态环境标准制修订工作分为立项开题、座谈调研、征求意见、技术审查、报批发布、宣贯评估六大阶段,以及处室管理与标委会管理两个模式,分析每个阶段的工作细节,明确工作程序以及责任分工(图5-1)。

(1)立项开题

科研高校、企业及行业协会、标委会可提出标准制修订建议,各业务处室结合管理工作需要研究决定,并邀请专家进行可行性论证,报分管厅领导同意后,由归口处室、标委会分别汇总,形成标准制修订计划。

厅务会审议通过后,由归口处室、标委会收集业务处室或编制单位提交材料,分别向省市场监管局提出立项申请。待立项通过后,正式签订合同,确定编制单位和负责人。归口处室、标委会应将各自分管的标准材料做好存档,并分别开展后续管理工作。

编制单位提交标准开题材料,经业务处室或标委会审查通过后,由业务处室或标委会组织召开开题论证会。若论证会不通过,则需在 15 个工作日内修改完善再次报业务处室或标委会审核。

(2)座谈调研

通过开题论证后,由编制单位或业务处室组织召开座谈会,征求意见稿技术审查会前应至少召开 2 次座谈会。参会人员应邀请相关行业专家、企业代表、行业协会代表、管理部门代表等。若涉及多个监管领域,还应邀请交叉领域的管理部门与专家代表。

编制单位应提交包含调研对象、调研方法的调研方案,经业务处室或标委会同意后开展调研,并及时进行调研结果分析,形成调研报告。

(3)征求意见

编制单位应及时提交标准文本与编制说明征求意见稿,并推荐征求意见单位名单,经专家审查与管理部门同意,在社会公开征求意见,征求意见时间为 1 个月。征求意见时间结束后,编制单位应及时收集整理意见,并修改完善。

(4)技术审查

技术审查分为征求意见稿技术审查、送审稿技术审查和厅务会审查。征求意见前,应当由业务处室或标委会邀请领域内专家(至少含一名开题论证会专家),组织征求意见稿技术审查会,通过后方可对外征求意见。

编制单位应在征求意见时间截止后 1 个月内提交材料,申请召开送审稿技术审查会(强制性标准需先向归口处室汇报通过),送审稿技术审查会专家应至少含一名征求意见稿技术审查会专家、一名标准化专家。审查会通过,并修改完善经业务处室或标委会同意后,上报厅务会审议。

(5)报批发布

标准经厅务会审议后,由业务处室向归口处室提交报批材料,或编制单位向标委会提交材料,归口处室或标委会汇总后报送至省市场监管局。由业务处室或标委会配合省市场监管局开展技术审查,归口处室可派人参会,形成报批稿等待发布,报批至省市场监管局的流程由归口处室或标委会具体经办,强制性标准应由归口处室经办提请省政府批准的请示,并报送材料至省政府。归口处室或标委会应做好各项标准的档案整理工作。归口处室还应做好强制性标准在生态环境部的备案工作。

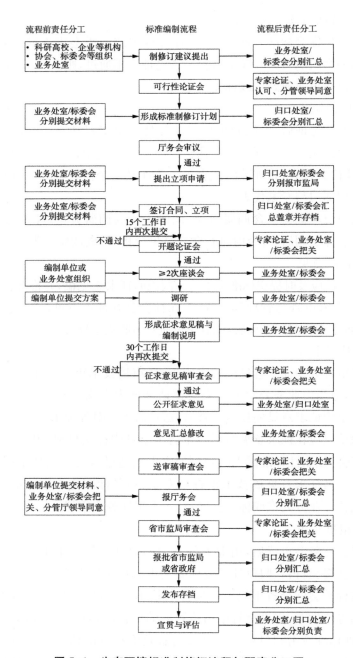

图 5-1　生态环境标准制修订流程与职责分工图

（6）宣贯评估

标准发布后，应及时由业务处室、标委会或者归口处室结合公众号、生态环境厅网站等途径开展宣贯解读、组织专家答疑会，编制单位应配合准备标准宣贯材料、开展解读工作。

标准发布后应由业务处室、归口处室或标委会及时开展实施评估与经济、社会、效益分析，结合应用情况修订完善。

5.2 加强重点任务建设

5.2.1 加强体制机制建设

（1）明确各方职责

结合《标准化法》《国家环境标准制修订工作管理办法》等要求，进一步研究江苏省地方生态环境标准推进工作的管理机制，厘清相关方职责，明确行业主管部门、标准主管部门、专业化标准技术委员会、省生态环境标准化工程技术中心、行业协会等各方职责。一是强化标准制定单位的责任要求，保证及时提供标准的解释及咨询服务；二是明确具有生态环境监督管理职责的部门的责任，及时反馈地方环境标准实施的情况；三是地方生态环境主管部门及相关政府部门要进一步提高对地方环境标准实施工作重要性的认识，及时提供相关信息，保障信息沟通畅通，并采取有力措施解决反映出的问题；四是加强考核评估，将标准化工作进展及工作质量纳入部门考核评估指标。

（2）加强区域标准一体化建设工作

加强技术研究、发挥技术优势、推进合作交流，制定具有地方特征的区域标准、探索执行国家特别排放限值。在水、大气、土壤等领域选择具有区域共同特点的行业，以及经济可行的先进治理技术，制定长三角区域生态环境标准。结合长三角三省一市社会经济发展特点和发展规划、行业产业分布、重点行业污染物排放情况以及现行治理措施可行性，协商推进在各行业优先执行国家特别排放限值。加快推进长三角地区生态环境标准体系一体化进程，引领区域产业发展。

强化体制机制协同，积极推进长三角生态环境标准体系一体化建设，支撑长三角区域污染联防联控。明确长三角各地区、不同层级相关行政管理机构的责任,形成刚性约束的制度安排,构建跨部门、跨区域等不同利益主体协调机制。完善体制机制协同管理,建立长三角跨区域环境标准工作机构与平台,加强各类污染源、生态环境监测监管等领域的信息共享。加强跨区域、多部门的执法联动,加强生态环境保护的立法协同,推进长三角区域生态环境形成处罚裁量基准一体化,加快形成多领域环境风险预警应急响应联动机制。加快完成长三角环境标准委员会组建工作,强化专家智库支持。落实"统一生态环境标准、统一环境监测监控体系、统一环境监管执法"的长三角环境标准一体化组织实施。

(3)构建全流程管理监督机制

推动构建包含标准立项分析、制修订过程、编制质量管理、绩效评估方法、执行行为规范化管理等环节的全流程管理监督机制,增强标准体系的科学性、系统性、前瞻性与实用性。重点强化以下环节:

1)进一步推进标准编制质量管理。根据国家、省市场监督管理局、省生态环境厅等管理文件的规定,按要求开展座谈、调研、征求意见等工作,组织专家评审,邀请领域内专家及标准化专家对技术内容、标准形式进行审查,提高地方生态环境标准编制质量。

2)完善标准备案与管理机制。根据国家对地方生态环境标准备案要求,地方发布的污染物排放标准、风险管控标准、质量标准应依法向国务院生态环境主管部门备案,省级发布的排放标准应及时向有关部门备案。地方现行生态环境标准应建立统计与管理机制,及时统计地方标准的发布、修订、废止情况,更新地方生态环境标准库。

3)构建地方生态环境标准组织实施的监督机制,明确组织与监督检查形式。地方生态环境标准适用单位及其主管部门开展自我监督,对本单位的管理制度、标准执行情况及相关技术人员掌握标准的情况进行检查和自我督察。由管理部门和专家共同构成检查组,开展管理性监督,加强对标准实施的监察与督导。检查组可采取开展综合检查、地方强制性环境标准实施检查以及针对某一项或某一类重要环境标准的实施情况开展的专项检查。

4)促进多方参与,构建反馈机制。依托江苏省生态环境管理标准化技术委员会,鼓励科研院校、工业企业、社会组织与公众的共同参与,充分发挥行业专家在标准制修订过程中的作用,广泛征求有关部门、行业协会、企事业单位和社会公众的意见,鼓励单位和个人提出地方标准制修订项目和技术建议,将产业结构升级和产业布局优化嵌入生态环境标准的制修订过程中,建立地方环境标准反馈机制,构建反馈渠道,保障标准发布后专家意见与执行人员意见表达的畅通性。

5.2.2 构建生态环境标准管理平台

生态环境标准具有来源复杂、层级多、分类广、内容交叉、管理难度大、使用专业性强等特点,给制定标准发展规划、解决特定管理需求、满足企业日常使用等工作增加了难度。为方便生态环境厅系统快速获取生态环境标准、加强对生态环境标准体系的管理,构建生态环境标准管理平台,为日常管理工作提供平台支撑。

开发生态环境标准库模块并定期更新标准的发布、废止状态,为日常管理、查阅标准提供便利。同时加强对标准制修订进程的管理。近年来,我省加快了地方标准的制修订进程,管理部门需要并行处理多项标准制修订工作,日常进度统计、流程管理工作繁琐,通过开发生态环境标准制修订管理模块,可快速对标准制修订进度进行查询、统计,有利于制定下一步工作计划,确保标准制修订进程。

5.2.3 营造良好标准研究环境

(1)加强合作交流

加强与国家标准化研究团队、长三角标准化研究团队的沟通交流,及时掌握国家及区域标准化发展动态,调整我省标准化研究方向与任务重点,确保我省生态环境标准体系框架科学合理。

借助江苏省生态环境管理标准化技术委员会,联合我省标准化研究专业智库,定期召开生态环境标准专题研讨会,开展国内外生态环境标准领域的学术交流与技术研讨活动,就生态环境标准领域的发展动态、发展导向进行分析,搭建省内生态环境标准学术交流平台,促进学科交叉与学术交流,以标委会为纽带衔接管理部门、科研机构、社会组织、工业企业,为推动构建政府为主导、企业为主体、社会组织和公众共同参与的环境治理体系提供专家智库支持。

(2)推动科研成果转化

着力加强污染治理技术、新监测方法技术、人工智能等先进技术的创新转化与应用,增强科研成果转化机制与奖励机制,激励科研单位开展标准化研究,推动科技创新和环保产业融合发展,加强先进科学技术对标准体系的支撑。

制定市场经济激励政策,充分发挥先进企业的能动性,鼓励企业开展技术创新与管理创新,推动生态环境管理中的创新实践转化为标准规范,打通企业标准、团体标准上升为地方标准的通道。

(3)加强标准宣贯

结合新媒体与官方信息发布网站加强标准宣贯解读,在"江苏生态环境"官方媒体平台设置标准宣传解读专栏,就国家、省新发布的生态环境标准进行宣传解读。组织专家培训交流活动,邀请标准编制团队、行业专家与企业开展沟通交流,推动标准贯彻落实,发挥标准引领作用。

5.2.4 加强标准化技术与理论研究

(1)加强标准预研究

部分标准在研究过程中存在研究方向需要调整,立项名称有待优化等问题,为标准管理工作增加了难度,推迟了标准制修订进程。因此,为确保标准立项更加合理、标准内容更加契合管理需求,"十四五"期间应建立标准预研究机制,设定一批周期短的预研究科研项目,研究成果为标准立项提供足够的技术支撑,增强标准制修订计划的可行性与科学性。

(2)加强标准实施评估

为确保标准实施后最大程度契合管理需要,应尽快落实标准实施评估工作,构建标准发布后的质量评估及绩效评估工作机制。通过研究制定一套涵盖多主体、多环节、适用于不同时期的标准实施评估工作流程和评估方法,加强标准编制质量与限值制定合理性评估及标准的经济效益、社会效益、生态效益、技术可达性评估,提升生态环境标准的科学性、系统性、适用性,形成生态环境标准动态完善机制。

5.3 保障措施

5.3.1 加强制度建设

设置标准预研究科研课题,加强标准立项项目的可行性分析,提高立项科学性,确保立项项目顺利推进,提高标准制修订工作成效。加强科研成果转化与应用,制定激励政策,鼓励科研机构成果转化及成果落地,激励先进工业企业开展技术研发与先进技术推广,为企业标准、团队标准营造良好转化环境。制定分工考核机制,将生态环境标准工作成效纳入部门考核,确保标准发展规划常态化推进。

5.3.2 加大资金投入

加大专项资金的支持力度,对产出标准成果的科研项目给予资金倾斜。营造产学研良好合作环境,促进科研机构与工业企业合作交流,调动企业能动性,探索多元化、多渠道的标准体系建设资金保障。制定奖励机制,对标准创新贡献组织、项目和个人给予资金奖励,鼓励开展深入研究与拓展研究,培养分领域标准化研究优势团队。

5.3.3 强化科技支撑

加强对遥感技术、人工智能、大数据等先进技术的推广应用,充分挖掘先进技术为智慧管控、精准施策提供的管理支撑作用。营造数据资源互联互通、管理策略分级施行、应急响应精确科学的管理运行机制。大力支持污染防控、减污降碳相关技术研发,鼓励先进企业科技创新推广,及时为企业提供达标排放、超低排放所需的技术支持。

5.3.4 加强人才培养

充分发挥江苏省生态环境管理标准化技术标委会的专家人才优势,凝聚智库力量,为制订符合社会发展和管理需要的生态环境标准体系建设方案提供技术支撑。提出标准化人才评价和绩效考核办法,形成人才培养与激励机制,对已有标准化工作经验的团队与个人给予定向激励,鼓励开展深入研究与创新研究,培养分领域专业化研究团队与高质量人才,形成良好的人才培养与成果衔接机制。